建筑工人岗位培训教材

镶 贴 工

本书编审委员会 编写

胡本国 主编

中国建筑工业出版社

图书在版编目（CIP）数据

镶贴工/《镶贴工》编审委员会编写. —北京：中国建筑工业出版社，2018.8
建筑工人岗位培训教材
ISBN 978-7-112-22450-0

Ⅰ.①镶… Ⅱ.①镶… Ⅲ.①工程装修-镶贴-技术培训-教材 Ⅳ.①TU767.2

中国版本图书馆CIP数据核字（2018）第156988号

本教材是建筑工人岗位培训教材之一。按照新版《建筑装饰装修职业技能标准》的要求，对镶贴工初级工、中级工和高级工应知应会的内容进行了详细讲解，具有科学、规范、简明、实用的特点。

本教材主要内容包括：图纸识读，房屋构造，材料，基层抹灰，饰面板块镶（挂）贴，墙（柱）面干挂，相关技能，验收，机具设备使用和维护，放线、检测工具，习题。

本教材适用于镶贴工职业技能培训，也可供相关职业院校实践教学使用。

责任编辑：高延伟 李 明 葛又畅
责任校对：张 颖

建筑工人岗位培训教材
镶 贴 工
本书编审委员会 编写
胡本国 主编
*
中国建筑工业出版社出版、发行（北京海淀三里河路9号）
各地新华书店、建筑书店经销
北京红光制版公司制版
北京建筑工业印刷厂印刷
*
开本：850×1168毫米 1/32 印张：5 字数：134千字
2018年9月第一版 2018年9月第一次印刷
定价：**16.00**元
ISBN 978-7-112-22450-0
（32323）

建筑工人岗位培训教材
编审委员会

出 版 说 明

国家历来高度重视产业工人队伍建设，特别是党的十八大以来，为了适应产业结构转型升级，大力弘扬劳模精神和工匠精神，根据劳动者不同就业阶段特点，不断加强职业素质培养工作。为贯彻落实国务院印发的《关于推行终身职业技能培训制度的意见》（国发〔2018〕11号），住房和城乡建设部《关于加强建筑工人职业培训工作的指导意见》（建人〔2015〕43号），住房和城乡建设部颁发的《建筑工程施工职业技能标准》、《建筑工程安装职业技能标准》、《建筑装饰装修职业技能标准》等一系列职业技能标准，以规范、促进工人职业技能培训工作。本书编审委员会以《职业技能标准》为依据，组织全国相关专家编写了《建筑工人岗位培训教材》系列教材。

依据《职业技能标准》要求，职业技能等级由高到低分为：五级、四级、三级、二级、一级，分别对应初级工、中级工、高级工、技师、高级技师。本套教材内容覆盖了五级、四级、三级（初级、中级、高级）工人应掌握的知识和技能。二级、一级（技师、高级技师）工人培训可参考使用。

本系列教材内容以够用为度，贴近工程实践，重点突出了对操作技能的训练，力求做到文字通俗易懂、图文并茂。本套教材可供建筑工人开展职业技能培训使用，也可供相关职业院校实践教学使用。

为不断提高本套教材的编写质量，我们期待广大读者在使用后提出宝贵意见和建议，以便我们不断改进。

本书编审委员会

2018 年 6 月

前　言

党的十九大报告提出要"建设知识型、技能型、创新型劳动者大军，弘扬劳模精神和工匠精神，营造劳动光荣的社会风尚和精益求精的敬业风气"。在 2017 年 9 月印发的《中共中央 国务院关于开展质量提升行动的指导意见》中，提出了健全质量人才教育培养体系，加强人才梯队建设，完善技术技能人才培养培训工作体系，培育众多"中国工匠"等要求。弘扬工匠精神，培育大国工匠，是实施质量强国战略的需要。国务院办公厅《关于促进建筑业持续健康发展的意见》（国办发〔2017〕19 号）中也提出了"加强工程现场建筑工人的教育培训。健全建筑业职业技能标准体系，全面实施建筑业技术工人职业技能鉴定制度"和"大力弘扬工匠精神，培养高素质建筑工人"要求。

按照住房和城乡建设部《关于加强建筑工人职业培训工作的指导意见》（建人〔2015〕43 号）等文件要求，为实现"到 2020 年，实现全行业建筑工人全员培训、持证上岗"的目标，按照住建部有关部门要求，由中国建设教育协会继续教育委员会会同江苏省住房和城乡建设厅执业资格考试与注册中心等组织国内行业知名企业专家、高级技师和院校学者、老师以及一线具有丰富工程施工操作经验人员，根据《建筑装饰装修职业技能标准》JGJ/T 315—2016 的具体规定，共同编写这本建筑工人岗位培训教材。

本书以实现全面提高建设领域职工队伍整体素质，加快培养具有熟练操作技能的技术工人，尤其是加快提高建筑工人职业技能水平，保证建筑工程质量和安全，促进广大建筑工人就业为目标，以建筑工人必须掌握的"基层理论知识"、"安全生产知识"、

"现场施工操作技能知识"等为核心进行编制，本书系统、全面、技术新、内容实用，文字通俗易懂，语言生动简洁，辅以大量直观的图表，非常适合不同层次水平、不同年龄的建筑工人在职业技能培训和实际施工操作中应用。

本书由胡本国主编，南京华夏天成建设有限公司刘清泉、深圳市建筑装饰（集团）有限公司王欣为副主编，深圳市建艺装饰集团股份有限公司田力，深圳广田集团股份有限公司陈国谦，深圳市维业装饰集团股份有限公司赖德建，江苏华特建筑装饰股份有限公司毛桂余，浙江亚厦装饰股份有限公司王景升，苏州迈普工具有限公司（开普路 KAPRO）闫寒光，苏州金螳螂建筑装饰股份有限公司林志超、冯黎喆参与编写。

限于编者水平，虽经多次审校，书中错误与不当之处在所难免，敬请广大同仁与读者不吝指正，在此谨表谢忱！

目　　录

一、图纸识读

（一）施工图识读

1. 识图基本知识

图纸是工程招投标、设计、施工及审计等环节最重要的技术文件。图纸是工程师的语言，是一种将设计构思中的三维空间信息等价转换成二维、三维几何信息的表示形式。工程识图是装饰施工员的一项基本功。要看懂图纸，必须了解投影的基本知识、基本的制图规范。装饰施工员应该了解工程图纸的种类，能较准确、快速地识别图纸所要表达的内容。本章主要以建筑室内装饰设计图为例介绍制图的基本概念、识图知识，以及深化设计的概念。

2. 平面图、立面图、剖面图

表达一套完整的建筑装饰施工图的设计以图纸为主，其编排顺序为：封面；图纸目录；设计说明（或首页）；图纸（平、立、剖面图及大样图、详图）；工程施工阶段的材料样板。对于装饰工程施工人员，应熟悉施工图的主要内容及相关要求，尤其是增加了标准施工做法、细部节点构造等图纸。

（1）平面图

平面图所表现的内容主要有以下三大类：一是建筑结构及尺寸；二是装饰布局及结构及尺寸关系；三是设施与家具安放位置及尺寸关系。

1）索引平面图：指在平面图上标注了立面索引符号图例的图纸，图面以表现建筑构造、设备设施及室内墙体、门窗、墙体固定装饰造型（木制品家具可不表示）为主。

2）平面布置图（家具陈设布置图）：除了索引平面图的图

样，还需表示所有的固定家具、活动家具、陈设品、地面家具上的相关设备设施。并标注建筑空间名称及主要设备设施的名称。

3）地面装饰平面图（地坪图、地面铺装图）：除了索引平面图的图样，还需表示不同部位（包括平台、阳台、台阶）地面材料的名称及图样、分格线，并标注标高、不同地面材料的范围界线及定位尺寸、分格尺寸。

4）电气设备布置图：一般是电气专业包含配电箱、电气开关插座布置的图纸。电气设备布置图需在装饰平面图纸的基础上进行定位。

（2）吊顶（顶棚）平面图

吊顶平面图，通常绘制为综合吊顶平面图，即除了吊顶装饰材料及不同的装饰造型、饰品需标明，在吊顶上的各种专业设施、设备（包括吊顶安装的灯具、空调风口、检修口、喷淋、烟感温感、扬声器、挡烟垂壁、防火卷帘、疏散指示标志等）也汇总标明在同一图面上，并标注必要的定位尺寸及间距、标高等。综合吊顶图，必须综合装饰及各专业单位的图纸，需要具备相关的专业基础知识。

（3）立面图

施工图设计的立面图，一般是指剖立面图（剖面图）。除了方案设计图或初步设计图要求的立面图纸深度基础上，还需进一步明确各立面上装修材料及部品、饰品的种类、名称、施工工艺、拼接图案、不同材料的分界线；应标注立面上不同材料交界及造型处的构造节点详图的索引图例；立面图上宜绘制与吊顶综合图类似的专业设备末端（壁灯、开关插座、按钮、消防设施）的名称及位置，也可以称作综合立面图。

（二）节点详图和标准图

1. 节点详图

施工图应将平面图、吊顶平面图、立面（剖立面）图中需要更清晰、明确表达的部位（往往是其他图纸无法交代或难以表达清楚的）索引出来，绘制节点图（详图）。

节点图（详图）的基本要求是：应标明物体、构件或细部构造处的形状、构造、支撑或连接关系，并标注材料名称、具体技术要求、施工做法以及细部尺寸。

工艺节点：常见工艺节点按区域划分可分为顶面节点、墙面节点、地面节点。墙面节点一般分为横剖节点和竖剖节点。

（1）墙面工艺节点识图（图1-1）

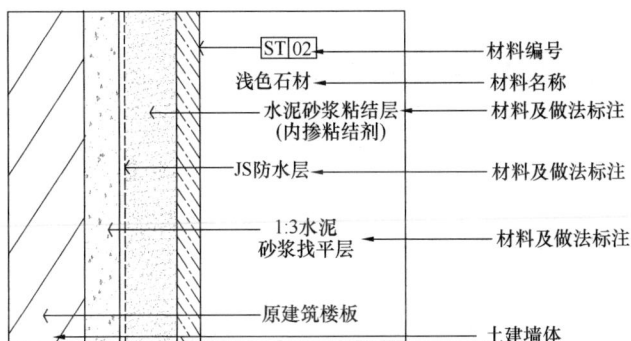

图1-1　墙面竖剖图

（2）地面工艺节点识图（图1-2）

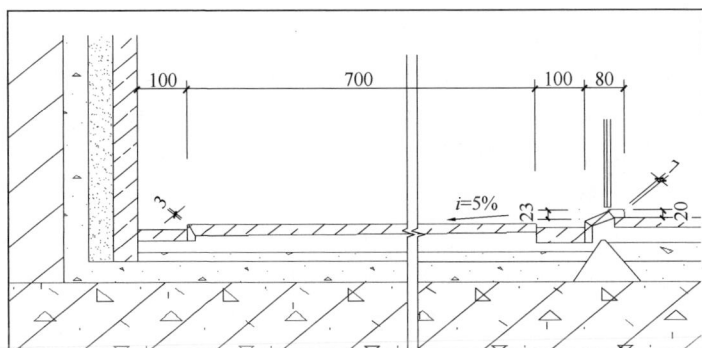

图1-2　地面剖面图

3

（3）顶面工艺节点识图

墙面饰面材料与其他饰面材料收口相关深化详细节点，即施工节点详图（防水、与其他面层材质交界等）标注完整（图1-3）。

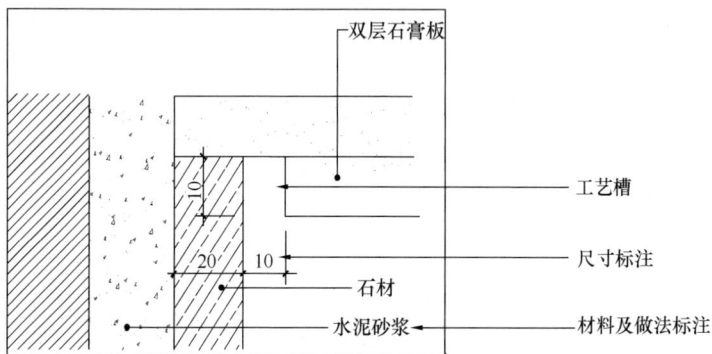

图1-3　顶面剖面图

2. 标准图

本节主要介绍制图标准、标准图集以及墙顶面不同材质收口工艺标准。

（1）制图标准

国家现行的建筑工程制图标准主要有《房屋建筑制图统一标准》GB/T 50001—2017、《建筑制图标准》GB/T 50104—2010、《房屋建筑室内装饰装修制图标准》JGJ/T 244—2011等（图1-4），主要是为了统一房屋建筑制图规则，保证制图质量，提高制图效率，做到图面清晰、简明，符合设计、施工、存档的要求，适应工程建设的需要而制定的标准。

（2）标准图集

标准图集，为便于标准化设计，节省图纸量，方便设计，节省设计时间，根据国家规范、行业或地方标准，结合工程实际情况，由标准设计院进行设计绘制，并作为设计指导及参考文件而编制的各建筑工程各专业图集。图集是工程建设标准化的重要组成部分，是工程建设标准化的一项重要基础性工作，是建筑工

图 1-4 房屋建筑制图统一标准、房屋建筑室内装饰装修制图标准

领域重要的通用技术文件。

建筑装饰装修专业编制的标准图集较多，主要有：《内装修——室内吊顶》12J502—2、《内装修——墙面装修》13J502—1、《内装修——楼(地)面装修》13J502—3 等(图 1-5)。

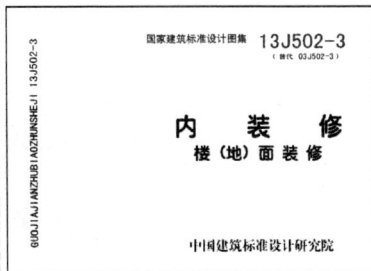

图 1-5　内装修-室内吊顶、内装修-墙面装修

（3）墙顶面不同材质收口工艺标准

1）顶面（图 1-6、图 1-7）

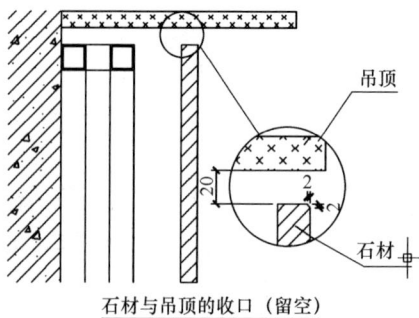

石材与吊顶的收口（留空）

图 1-6　石材与吊顶的收口（留空）

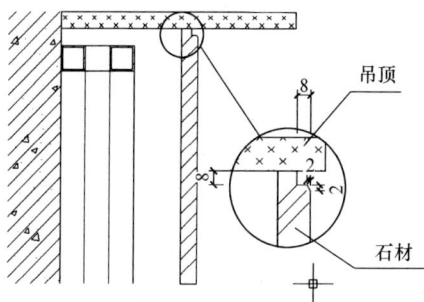

■ 石材与吊顶的收口（开槽）

图 1-7　石材与吊顶的收口（开槽）

2）墙面（图 1-8、图 1-9）

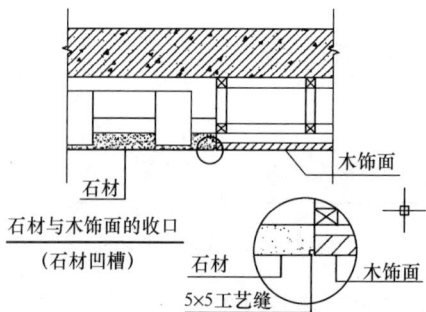

石材与木饰面的收口
（石材凹槽）

5×5工艺缝

图 1-8　石材与木饰面（一）

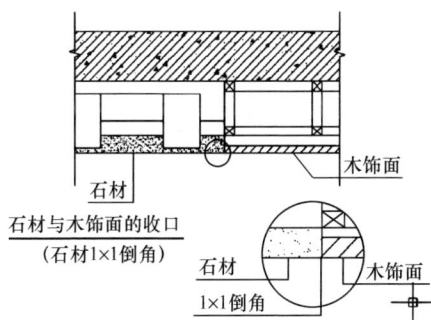

图 1-9　石材与木饰面（二）

工艺节点识图有别于其他施工节点，其目的是通过现场优化，使装饰效果更贴近原设计效果，并且施工更加方便快捷，工程质量更加完美，方便日后的维修维护，节能控本。

工艺节点是无数项目累积的经验结晶，是施工的捷径，但并非一成不变的，其有时间性和地域性。读懂、理解图纸是施工的前提和基础，只有读懂、理解图纸才能更好更快地开展工作。

二、房屋构造

建筑工程根据其使用性质的不同，可以分为民用建筑工程、工业建筑工程、构筑物工程及其他建筑工程等。工业建筑工程根据其用途的不同，可以分为厂房（机房、车间）、仓库、辅助附属设施等。构筑物工程可以分为工业构筑物、民用构筑物、水工构筑物等。

（一）民用建筑分类及用途

民用建筑工程一般分为居住建筑和公共建筑两大类。根据其用途的不同，可以细分为居住建筑、办公建筑、旅馆酒店建筑、商业建筑、居民服务建筑、文化建筑、教育建筑、体育建筑、卫生建筑、科研建筑、交通建筑、人防建筑、广播电影电视建筑等。

（二）民用建筑结构基本组成

民用建筑根据其组成结构的不同，可以分为地基与基础工程、主体结构工程、建筑屋面工程、建筑装饰装修工程和室外建筑工程等（图 2-1）。

1. 地基与基础

基础是指建筑物底部与地基接触并把上部荷载传递给地基的部件。

2. 主体结构

主要结构有：柱，梁，楼板，承重墙，非承重墙，楼梯，栏

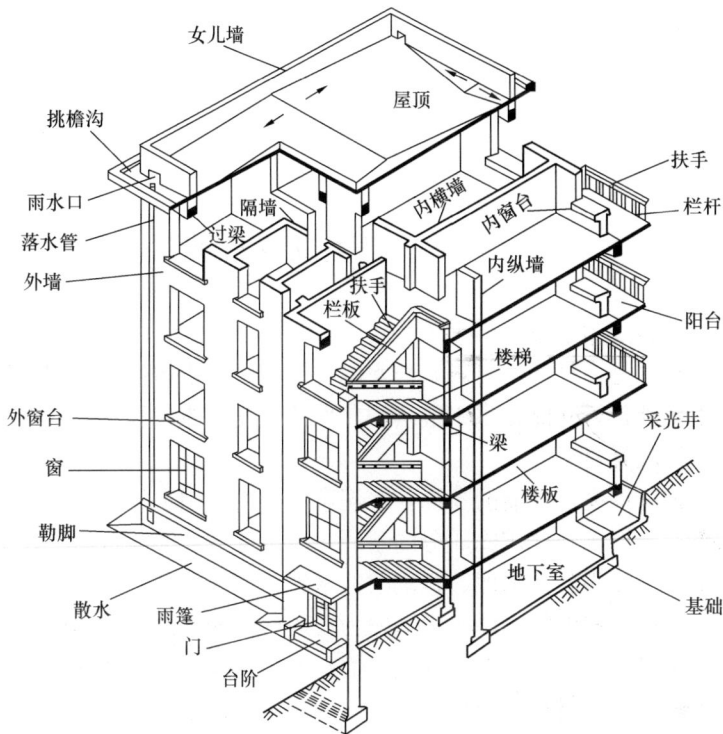

图 2-1 房屋建筑组成

杆，阳台，雨篷，门窗等。

3. 建筑屋面

含：檐口，挑檐，女儿墙，天沟等。

4. 建筑装饰装修

主要是对顶棚、墙柱面、地面进行装饰装修。

5. 室外建筑

主要包括：勒脚、散水、明沟、坡道、泛水等构造。

三、材　　料

（一）水泥的种类及保管方法

1. 定义和分类

水泥是一种细磨材料，与水混合形成塑性浆体后，能在空气中水化硬化，并能在水中继续硬化保持强度和体积稳定性的无机水硬性胶凝材料。

根据用途及性能的不同，水泥可以分为通用水泥、特种水泥两类；根据水硬性矿物成分的不同，可以分为硅酸盐水泥、铝酸盐水泥、硫铝酸盐水泥、铁铝酸盐水泥、氟铝酸盐水泥等。建筑装饰装修工程中常用的水泥一般为通用硅酸盐水泥。通用硅酸盐水泥是以硅酸盐水泥熟料和适量的石膏，及规定的混合材料制成的水硬性胶凝材料。根据混合材料的品种和掺量的不同，通用硅酸盐水泥可以分为硅酸盐水泥、普通硅酸盐水泥、矿渣硅酸盐水泥、火山灰质硅酸盐水泥、粉煤灰硅酸盐水泥、复合硅酸盐水泥六种。

建筑装饰装修工程镶贴施工中还会用到白色硅酸盐水泥。白色硅酸盐水泥是由氧化铁含量少的硅酸盐水泥熟料、适量石膏及《白色硅酸盐水泥》GB/T 2015—2017 标准规定的混合材料，磨细制成水硬性胶凝材料，简称白水泥。白色硅酸盐水泥代号为 P・W。白色硅酸盐水泥强度等级分为 32.5、42.5、52.5 三个等级。

2. 常用水泥

（1）硅酸盐水泥

凡以硅酸钙为主的硅酸盐水泥熟料，5％以下的石灰石或粒化高炉矿渣，适量石膏磨细制成的水硬性胶凝材料，统称为硅酸盐水泥。

硅酸盐水泥分两种类型，不掺加混合材料的称为Ⅰ型硅酸盐水泥，代号P·Ⅰ；掺加不超过水泥质量5%的石灰石或粒化高炉矿渣混合材料的称为Ⅱ型硅酸盐水泥，代号P·Ⅱ。

根据3d和28d的抗压强度分为三个强度等级，即42.5、52.5、62.5，每个等级有两个类型，即普通型与早强型（用R表示）。

（2）普通硅酸盐水泥

普通硅酸盐水泥，由硅酸盐水泥熟料、5%～20%的混合材料及适量石膏磨细制成的水硬性胶凝材料。具有强度高、水化热大、抗冻性好、干缩小、耐磨性较好、抗碳化性较好、耐腐蚀性差、不耐高温的特性。

根据3d和28d龄期的抗压和抗折强度，将普通硅酸盐水泥划分为42.5、42.5R、52.5、52.5R四个强度等级。

（3）复合硅酸盐水泥

复合硅酸盐水泥是由硅酸盐水泥熟料、两种或两种以上规定的混合材料、适量石膏磨细制成的水硬性胶凝材料，称为复合硅酸盐水泥（简称复合水泥），代号P·C。水泥中混合材料总掺加量按质量百分比应大于20%，不超过50%。

根据3d和28d龄期的抗压和抗折强度，复合硅酸盐水泥强度等级有42.5和52.5号两种类型。

3. 复验

建筑装饰装修用水泥通常应对凝结时间、安定性、强度三项指标进行复验。

（1）凝结时间

水泥的凝结时间是指水泥标准稠度净浆从加水拌合开始至失去塑性或达到硬化状态所需的时间。硅酸盐水泥初凝时间不小于45min，终凝时间不大于390min。普通硅酸盐水泥、矿渣硅酸盐水泥、火山灰质硅酸盐水泥、粉煤灰硅酸盐水泥、复合硅酸盐水泥初凝时间不小于 45min，终凝时间不大于 600min。

（2）安定性

水泥的安定性是指水泥浆体硬化后因体积膨胀不均匀而发生变形。水泥的安定性应经沸煮法测试合格。

（3）强度

水泥的强度是表示水泥力学性能的一种指标，通常由规定龄期的水泥胶砂抗折强度值和抗压强度值来确定相应的等级。不同品种不同强度等级的通用硅酸盐水泥，其龄期强度不同。

4. 其他注意事项

（1）根据《通用硅酸盐水泥》GB 175—2007 的判定规则，通用硅酸盐水泥分为合格品、不合格品两种。不合格品即为废品，严禁使用。

（2）当在使用中对水泥质量有怀疑或水泥出厂超过三个月（快硬硅酸盐水泥超过一个月）时，应进行复验，并按复验结果使用。在一般贮存条件下，三个月后水泥强度约降低10%～20%。

（3）水泥可以散装或袋装，袋装水泥每袋净含量为 50kg，且应不少于标志质量的 99%；随机抽取 20 袋总质量（含包装袋）应不少于 1000kg。

（4）水泥在运输与贮存时不得受潮和混入杂物，不同品种和强度等级的水泥在贮运中避免混杂。散装水泥应分库存放，袋装水泥一般堆放高度不应超过 10 袋，平均每平方米堆放 1000kg，使用时应先存先用。

（二）胶 粘 材 料

胶粘材料是装修中的一种必备材料，用途很广，种类很多，各个不同的装饰材料几乎都有与之相对应的胶粘材料。

1. 石材胶粘剂

石材粘结剂具有良好的物理力学性能和耐久性、良好的施工性，抗流挂性强，粘结力高，用于粘贴石材可大大提高施工质量和施工效率，是由高分子聚合物和多种无机硅酸盐配制而成的粉状材料。

石材粘结剂存在以下几种优点：

（1）施工方法简单。与贴瓷砖、墙地砖一样直接将石材粘贴在各种材质的基面上，无需挂件等辅料，无需打孔、固定等工序，墙面及石材底面不需浸湿，无任何建筑垃圾。

（2）可薄层粘贴。这与传统材料和传统施工方法比较，可极大减轻建筑物自重，大大提高工效，减少人工投入，扩大室内空间、增大使用面积，提高建筑物使用功效。

（3）优异的耐久性。可避免因墙体冻融而发生的剥落，良好的和易性，便于施工，提高工效和质量，有一定的开放时间，可在粘贴时进行适当调整，便于排放整齐。

2. 瓷砖胶粘剂

瓷砖专用粘结剂是一种聚合物改性的水泥基瓷砖粘结剂，是以优质水泥、砂、再分散乳胶粉和其他添加剂等配制而成。这种粘结剂既有无机物良好的抗压强度、耐久性，又有有机物良好的柔韧性、粘结强度、剪切强度等。主要用于室内、外墙面或地面粘贴瓷砖或石材。

（三）饰　面　板

1. 玻化砖

将坯料在 1230℃ 以上的高温进行焙烧，使坯中的熔融成分成玻璃态，形成玻璃般亮丽质感的一种新型的高级陶瓷制品即为瓷质玻化砖。玻化砖的密实度好，吸水率低于 0.5%，长年使用不留水迹，不变色；强度高、抗酸碱腐蚀性强和耐磨性好，且原材料中不含对人体有害的放射性元素。

2. 大理石

指以大理石岩为代表的一类装饰石材，包括碳酸盐岩和与其有关的变质岩，其主要成分为碳酸盐矿物，一般质地较软。

天然大理石是目前我国建筑装饰工程中采用的主要装饰石材。天然大理石一般呈碱性，故天然大理石多用于室内装饰，如用在室外则可能受酸雨侵蚀而较快风化失去光泽、剥落甚至碎裂。

3. 花岗石

商业上指以花岗岩为代表的一类装饰石材，包括各类岩浆岩、火山岩和变质岩，一般质地较硬。

天然花岗石在我国建筑装饰工程中的用量也很大，但比天然大理石稍少，我国是优质花岗石的主产地，主要品种如中国黑、山东白麻、福建白麻、新疆红等。

天然花岗石一般呈酸性，故天然花岗石既可用于室内装饰也可用于室外装饰，室外大量运用于建筑物幕墙、景观等装饰工程。

部分天然花岗石含有放射性元素，用于室内装饰时应进行放射性核素限量检测。

4. 人造石

人造石是以高分子聚合物或水泥或两者混合物为粘合材料，以天然石材碎（粉）料和/或天然石英石（砂、粉）或氢氧化铝粉等为主要原材料，加入颜料及其他辅助剂，经搅拌混合、凝结固化等工序复合而成的材料。主要包括人造石实体面材、人造石英石和人造石岗石等。根据粘结材料的不同还可分为水泥型人造石、树脂型人造石等。近年来，人造石又发展出微晶玻璃型人造石材（微晶板、微晶石），这种石材全部由天然材料制成，比天然花岗石的装饰效果更好。

（四）塑胶板块

硬质PVC板具有优良的化学稳定性、耐腐蚀性，硬度大，强度高，防紫外线（耐老化），耐火阻燃（具有自熄性），绝缘性能可靠，表面光洁平整，不吸水不变形、易加工等特点。

四、基层抹灰

（一）墙面底中层抹灰

1. 施工准备

（1）图纸准备

1）熟悉图纸，了解施工作业面。

2）接受图纸、技术安全等施工交底。

（2）材料准备

1）水泥：采用不低于 32.5MPa 等级的、符合规范及设计要求的水泥。

2）砂：过筛中砂，含泥量不超过 3%，有杂物的砂不能用于抹灰工程。

3）添加剂：建筑胶，抗裂剂。作为基层及结合层砂浆的外加剂。

4）水：可饮用水。不允许使用工业废水、污水、海水。

5）大面积抹灰宜使用成品砂浆，符合绿色施工要求。

（3）机具准备

1）砂浆搅拌机械设备。

2）砂浆运输设备：垂直、水平运输机具，砂浆泵及配套设备。

3）抹灰机具：激光投线仪、铁抹子、木抹子、托灰板、阴阳角抹子、软硬刮尺、水平检测尺、垂直检测尺、角尺、墨斗、蜡线、扫把、水桶、泥桶、铁锤、凿子等（图 4-1）。

（4）施工条件

1）建筑主体结构已经完成并经过质量验收，隐蔽工程验收

图 4-1　激光投线仪、水平检测尺

记录已完成。

2）完成了施工安全及技术交底工作。

3）各相关专业工种之间已完成了交接检验，质量符合标准要求。

4）基体含水率小于10%。

5）室内外温度保持在5～35℃之间，相对湿度不大于80%。

6）水平基准线，如0.5m线或1.0m线等，经过仪器检测，其误差应在允许范围以内。

7）根据室内高度和抹灰现场的具体情况，提前钉搭好抹灰操作用的高凳和架子。

2. 工艺流程

基层处理—墙、顶、地弹完成面线—灰饼、充筋、护角—抹底层、面层灰—养护。

（1）基层处理

施工前应先对基层进行检查、验收，确保基层表面坚实、平整、干燥，无空鼓、浮浆、起砂、裂缝等现象。

1）基层为砖墙：先清理残留砂浆、灰尘，抹灰前隔夜浇水湿润，表面不平有低洼处，用不低于M15的水泥砂浆分层抹至基层平面，并搓毛或者喷浆处理。

2）基层为现浇混凝土墙面：用钢丝刷清理墙面隔离剂，将其表面凿毛，洒水后抹1∶1的水泥砂浆（需添加水泥重量15%的建筑胶水）结合层。也可以在清洁干净隔离剂后，采用机械喷涂或笤帚涂刷一层薄的胶粘性水泥浆或涂刷一层混凝土界面剂（图4-2、图4-3），以增加抹灰层与基层的附着力，不出现空鼓、开裂。

图 4-2　机械喷浆

图 4-3　喷浆成品

3）基层为加气块墙体：墙面湿润后，抹强度适中的水泥混合砂浆（需添加适量的建筑胶）作为结合层；抹灰前，在混凝土墙体与后砌墙体交界处铺粘一层重量不小于$160g/m^2$的耐碱玻璃纤网或钢丝网，两侧各超出分界线150mm，用聚合物砂浆抹平压实。

4）抹灰总厚度大于或等于35mm时，及不同材料基体交界处，采取加强网（耐碱玻璃纤维网格布、钢丝网等，见图4-4、图4-5）防止开裂，加强网与各基体的搭接宽度不应小于100mm（图4-6）。

图 4-4　耐碱玻璃纤维网格布

图 4 5　钢丝网及粘钉

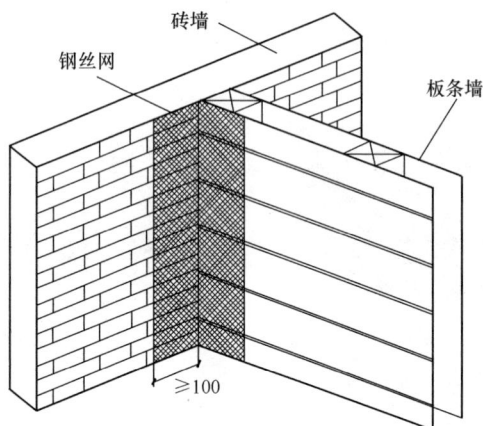

图 4-6　不同材料基体交界处粘贴加强网

（2）墙、顶、地弹完成面线

通过现场控制点线进行实地测量，按照深化图纸在施工区域进行放线。抹灰放线主要是建筑空间的阴阳角完成面线。

（3）做灰饼、充筋、做护角

1）做灰饼：用托线板检测墙面不同部位的垂直、平整情况，以墙面的实际高、宽度决定灰饼和冲筋的数量。灰饼采用 M15 水泥砂浆制作，大小约 40mm×40mm。厚度以能满足墙面抹灰达到垂直度、平整度的要求，不宜太厚。上下灰饼用托线板找垂直，水平方向用靠尺板或拉通线找平，先下后上，保证墙面上、下灰饼表面处在同一平面内，作为冲筋的依据。

2）充筋：依照已贴好的灰饼，从水平或垂直方向各灰饼之间用水泥砂浆冲筋，反复搓平，上下吊直，一般是底宽 60～80mm，面宽 40～50mm，充筋的砂浆和抹灰使用的砂浆相同。

3）做护角：用 M15 水泥砂浆，沿室内的墙面、柱面、门窗洞口的阳角，做成 50～70mm 宽水泥砂浆护角，护角做成外高内低，角度不大于 60°，墙柱阳角不低于 2m，门窗洞口做整长（图 4-7）。

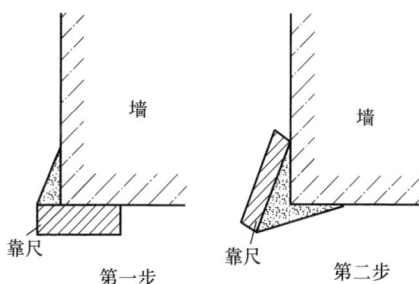

图 4-7 水泥护角做法

（4）抹底层、面层灰

1）在墙面湿润的情况下抹底层灰，对混凝土表面宜先刷扫一遍界面剂，在充筋的板块之间抹 5～8mm 厚底层砂浆，用力压抹，使基层缝道充满砂浆，使砂浆与墙面粘结牢固。

2）底层灰稍干后（一般隔夜）再粉刷面层灰，厚度宜为 5～8mm，若面层灰过厚可分层涂抹，然后以灰饼筋为准，用刮尺刮平找直，用木抹子磨平，同时检查墙面的平整度、垂直度、阴阳角是否方正、顺直（图 4-8）。

图 4-8 检查墙面的平整度、垂直度

3）大面积抹灰完成后，随即修整预留空洞，阴阳角及墙顶、底等相接部位。并对平整度、垂直度、阴阳角方正进行检测，发现问题及时修整。在抹灰过程中，应有序进行落地砂浆的收集利用和场地清理。

（5）养护

抹灰层在凝结前应防止快干、水冲、撞击、振动和受冻，在凝结后应采取措施防止污染和损坏。水泥砂浆抹灰层应在湿润条件下养护，养护时间应根据气温条件而定，一般不应小于 7d。

3. 质量通病预防

（1）墙面抹灰层空鼓、裂缝脱落

1）抹灰前一天应洒水，砖墙吸水大，应浇两遍，混凝土墙吸水小，可少浇一些。如果底灰干透了，应在抹面灰前再浇水湿润。

2）清除原有墙体空鼓基层，清理干净混凝土结构墙体的隔离剂，明显的凹凸部位应分层填抹找平，光滑的表面应凿毛；界面剂涂刷均匀，不要漏刷。

3）不同基层交汇处应钉钢丝网，每边搭接宽度应超过100mm。

4）门、窗框与洞口接缝应提前专门填塞。

5）砂浆应随拌随用，一般不超过2h。

（2）面层起泡、开花

1）待砂浆收水后、终凝前进行压平。

2）底灰太干，应浇水湿润。

4. 成品保护

（1）在需要抹灰的区域，已经安装好的其他成品（如：门窗、铝合金、不锈钢、玻璃制品等），在抹灰前必须做好成品保护。

（2）内外墙抹灰层在凝结硬化前，应防止水冲、撞击、挤压、以保证足够强度，不发生空壳裂纹现象。

（3）抹灰推小车运输砂浆时，不要碰坏阳角及抹灰层。物件不允许依靠在刚抹好的抹灰面上。严禁踩踏在尚未达到强度的窗台上，避免损坏棱角。

（4）外墙抹灰施工时，应及时安装雨水管，以免雨水冲淋抹灰面，造成返工。

（5）拆除脚手架时，小心拆放，避免碰撞抹灰面。禁止在窗口、阳台向下面倾倒垃圾和杂物或污水，避免污染墙面整洁。禁止清洗工具的污水和其他液体倒入地漏，以免堵塞下水道。

（6）完成的房间和区域，安排巡查和保护，避免人为损坏抹灰面。

（二）梁柱面抹灰

根据《建筑装饰装修工程质量验收标准》GB 50210—2018
有关条文规定和相关条文解释，混凝土顶棚基体（含混凝土梁）
表面抹灰层脱落的质量事故时有发生，严重危及人身安全，一般
不再做混凝土顶棚基体（含混凝土梁）表面抹灰，用腻子找平或
做其他饰面即可，故本节只介绍柱面抹灰。

1. 施工准备

参阅"（一）墙面底中层抹灰"施工准备内容。

2. 工艺流程

基层处理—测量、弹完成面线—抹护角—抹底层、面层灰—
养护。

（1）基层处理

1）检查混凝土结构柱和砌体结合处钉好的钢丝网。

2）用钢丝刷清理混凝土结构柱基体上和隔离剂、浮灰污物
和油渍等。

3）对于表面光滑的混凝土结构柱基体应进行毛化处理，混
凝土表面应凿毛或在面洒水润湿后涂刷界面剂。也可以在清洁干
净隔离剂后，采用机械喷涂或笤帚涂刷一层薄的胶粘性水泥浆或
涂刷一层混凝土界面剂，以增加抹灰层与基层的附着力，不出现
空鼓、开裂。

（2）测量、弹完成面线

根据楼层的柱子轴线、控制点线进行实地测量，弹出每个柱
子的控制线、抹灰完成面几何尺寸线。成排的方柱，应先根据柱
子的间距找出各柱中心线，并在柱子的四个立面上弹中心线。柱
子抹灰放线主要是放柱子以及与柱子连接的墙体的阴阳角完成
面线。

（3）抹护角

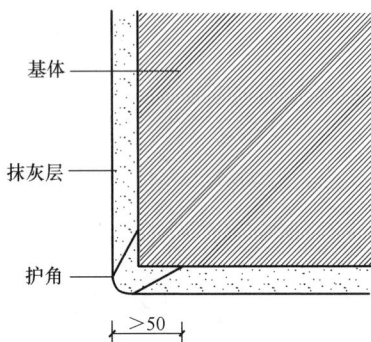

图 4-9　护角

为防止柱面阳角部位的抹灰饰面在使用中被碰撞损坏，应采用不低于 M15 的水泥砂浆抹制护角，以增加阳角部位抹灰层的硬度和强度。护角部位的高度不应低于 2m，每侧宽度不应小于 50mm（图 4-9）。

1）将阳角用方尺规方，靠门窗框一边以框墙空隙为准，另一边以冲筋厚度为准，在地面划好基准线，根据抹灰层厚度粘稳靠尺板并用托线板吊垂直。

2）在靠尺板的另一边墙角分层抹护角的水泥砂浆，其外角与靠尺板外口平齐。

3）一侧抹好后把靠尺板移到该侧用卡子稳住，并吊垂线调直靠尺板，将护角另一面水泥砂浆分层抹好。

4）轻手取下靠尺板。待护角的棱角稍收水后，用钢皮抹子抹光、压实或用阳角抹子将护角捋顺直。

5）在阳角两侧分别留出护角宽度尺寸，将多余的砂浆以 45°斜面切掉（图 4-10）。

6）对于特殊用途房间的柱阳角部位，其护角可按

图 4-10　柱（墙）面抹护角

设计要求在抹灰层中埋设金属护角线。也可在抹灰面层镶贴硬质 PVC 加钢丝网片特制的护角条（图 4-11）。

（4）抹底层、面层灰

1）在柱（墙）面湿润的情况下抹底层灰，对混凝土表面宜

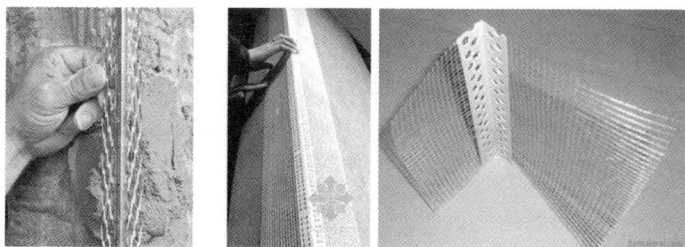

图 4-11　金属护角线硬质 PVC 护角条加钢丝网片

先刷扫一遍界面剂，在护角之间抹 5～8mm 厚底层砂浆，用力压抹，使砂浆与柱（墙）面粘结牢固。

2）底层灰干至六、七成后进行（一般隔夜）面层抹灰，厚度宜为 5～8mm，若面层灰过厚可分层涂抹，然后以护角为准，用刮尺刮平找直，用木抹子磨平，同时检查柱（墙）面的平整度、垂直度、阴阳角是否方正、顺直（图 4-12）。

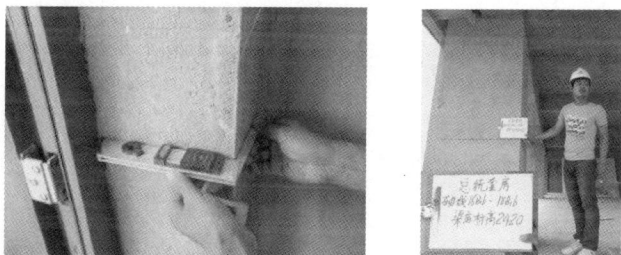

图 4-12　检查柱（墙）面的平整度、垂直度、阴阳角是否方正、顺直

（5）养护

抹灰层在凝结前应防止快干、水冲、撞击、振动和受冻，在凝结后应采取措施防止污染和损坏。水泥砂浆抹灰层应在湿润条件下养护。面层抹光后视气候环境浇水养护。养护时间应根据气温条件而定，一般不应小于 7d。

3. 质量通病预防

（1）抹灰面阴阳角不垂直、不方正

1）抹灰前按规矩找方、横线找平、立线吊直，保证弹出完成面线正确。

2）先检查墙面平整度和垂直度，决定抹灰厚度。

3）常检查和修正抹灰工具，尤其避免靠尺板变形后再使用。

4）抹护角时应随时检查角的方正，及时修正。

5）面层抹灰前应进行一次质量验收，不合格处必须修正后再进行面层施工。

（2）其他参阅"（一）墙面底中层抹灰"质量通病预防内容。

4. 成品保护

参阅"（一）墙面底中层抹灰"成品保护内容。

（三）方、圆柱等造型抹灰

上节已简单介绍方柱抹灰，本节主要介绍圆柱面抹灰。

圆柱抹灰面采用的材料一般与方柱、柱所在位置周围墙面的材料相同，其施工过程基本一致，操作方法与同材料工艺的操作方法相近，用水泥砂浆抹方、圆柱是其中的一种基本的操作方法。

1. 施工准备

（1）参阅"（一）墙面底中层抹灰"施工准备内容。

（2）机具准备

除采用常用的工具外，还需缺口板一副（共两块，尺寸应一致），代替托线板在较高的范围内制作标志灰饼及挂垂直用；套板两组（每组两块），一组中层用，一组面层用，套板外方内圆，在操作中作为圆度及柱弧面的控制标准，也可作为刮制圆弧的工具，套板一般用不易变形的木材制作，每块为一个半圆，两块为一个整圆，在表面弹上中心线，以便操作时核对中心位置（图4-13）。

2. 工艺流程

找规矩、弹线—做灰饼—基层处理—冲筋—抹底层—抹面层—面层压光—自检—养护。

（1）找规矩、弹线：检查圆柱体垂直度和表面圆整度，在地面上分别弹出四个抹灰完成面圆点的外切线。然后按这个尺寸制作圆柱的抹灰套板。

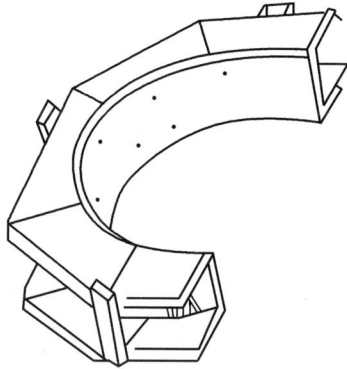

图 4-13　套板

（2）做灰饼：

根据地面上放好的线，在圆柱四面中心线的外切线处，先做下面灰饼，然后用激光投线仪往柱上部引垂线，再做圆柱上部的四个灰饼。在上下灰饼中间每隔 1.2m 左右做灰饼，再根据灰饼做标筋。

灰饼厚度在 10mm 左右，相同高度的四个灰饼应在同一水平上。

（3）基层处理：

1）根据灰饼用套板查圆弧，用激光投线仪检查垂直面，如有凸出部分即行凿去；如凹得太多（在 20mm 以上），应分层填补。

2）用钢丝刷清理混凝土圆柱基体上和隔离剂、浮灰污物和油渍等。

3）对于表面光滑的混凝土圆柱基体应进行毛化处理，混凝土表面应凿毛或在面洒水润湿后涂刷界面剂（可采用 1:1 水泥浆加适量胶粘剂）。也可以在清洁干净隔离剂后，采用机械喷涂或笤帚涂刷一层薄的胶粘性水泥浆或涂刷一层混凝土界面剂，以增加抹灰层与基层的附着力，不出现空鼓、开裂。

（4）冲筋：柱子的冲筋应做成水平冲筋，即在同一水平高度的灰饼间抹冲筋，然后用中层套板刮平即成。

（5）抹底层：在冲筋之间先用 M15 水泥砂浆抹底层。底层砂浆宜薄，若灰层太厚，可分层涂抹；底层还应抹得均匀、毛糙。

（6）抹灰面：底层灰干至六、七成后进行（一般隔夜）面层抹灰。先视中层干湿程度适量浇水，然后抹 M20 水泥砂浆，抹时应厚薄均匀，弧度一致。抹完后用面层套板在柱高方向刮出若干条水平冲筋，上下冲筋应用激光投线仪找垂直，再用刮尺按冲筋面刮平面层，同时用套板随时检查，以控制柱面的圆度，经反复刮垂直、刮圆滑后待砂浆稍干，即可开始面层压光。

（7）面层压光：压光时先用木抹子打磨，从上到下在圆弧面上打出水泥浆，打磨一部分即用钢片抹子抹光。如面层收水较快，可边洒水边打磨；如面层收水较慢，则用干拌水砂敷贴吸干水分，直至面层全部抹光。

（8）自检：抹圆柱的自检十分重要，应在各道工序中随时检查柱面的垂直度、平直度以及圆弧是否满足质量标准。水泥砂浆一经干硬，遍难以修复。

（9）养护：抹灰层在凝结前应防止快干、水冲、撞击、振动和受冻，在凝结后应采取措施防止污染和损坏。水泥砂浆抹灰层应在湿润条件下养护。面层抹光后视气候环境浇水养护。养护时间应根据气温条件而定，一般不应小于 7d。

3. 质量通病预防

参阅"（二）梁柱面抹灰"相关内容。

4. 成品保护

参阅"（二）梁柱面抹灰"相关内容。

（四）一般造型门头、框套底、中层水泥砂浆抹灰

1. 施工准备

参阅"（一）墙面底中层抹灰"施工准备内容。

2. 工艺流程

基层清理、浇水—刷界面剂一道（或甩浆）—安装钢丝网—吊垂直抹灰饼—墙面充筋—抹底子灰（内墙满设耐碱玻纤网格布）—抹罩面灰。

（1）基层清理、浇水：在抹门头、框套底层水泥砂浆前，要清楚门头、框底及侧立面混凝土过梁、砖墙等基体表面的灰尘、污垢和油渍等，并喷水将基体湿润，喷水要均匀，不得遗漏，墙体表面的吸水深度控制在 20mm 左右。

（2）刷界面剂：所有基层在抹灰之前，需要刷界面剂一道（或甩浆）。

（3）安装钢丝网：基层处理完后，在门头、框套上的两种墙体交界处部位钉 300mm 宽钢丝网，钢丝网压各基体面 150mm。

（4）吊垂直抹灰饼：按基层表面平整垂直情况，吊垂直、套方、找规矩，经检查后确定抹灰厚度，但最少不应小于 7mm。基体面凹度较大时要分层衬平，操作时先抹下灰饼再抹上灰饼；抹灰饼时要与室内抹灰的要求一致，以确定下灰饼的正确位置，用靠尺板或激光投线仪找好垂直与平整。灰饼宜用 M20 水泥砂浆抹成 5cm 见方形状。

（5）充筋：用与抹灰层相同砂浆冲筋，冲筋的根数应根据房间的宽度或高度决定，一般筋宽为 5cm，可充横筋也可充立筋，根据施工操作习惯而定（图 4-14）。

图 4-14　门头、框套侧面充筋

（6）门头、框套底抹灰应严格控制抹灰厚度，一般抹灰厚度不超过 20mm。

（7）抹底子灰：一般情况下充完筋 2h 左右就可以抹底灰，抹灰时先薄薄地刮一层，接着分层装档、找平，再用大杠垂直、水平刮找一遍，用木抹子搓毛（内墙抹中层灰时满设耐碱玻纤网格布）。然后全面检查底子灰是否平整，阴阳角是否方正，管道处灰是否挤齐，墙与顶交界是否光滑平整，并用托线板检查墙面的垂直与平整情况。有钢丝网部位，抹灰由外向内挤压，将灰浆压入网片与基层粘结牢固，网片边缘接茬处，应固定压服，不得有翘边。

（8）抹面层灰：当底灰七、八成干时，即可开始抹罩面灰（如底灰过干应浇水湿润）。罩面灰应两遍成活，厚度约 2mm，最好两人同时操作，一人先薄薄刮一遍，另一人随即抹平。按先上后下顺序进行，再赶光压实，然后用铁抹子压一遍，最后用塑料抹子压光（图 4-15）。

图 4-15　门头、框套底抹灰压实

3. 质量通病预防

（1）混凝土墙抹灰层空鼓、裂缝

1）产生原因

基层清理不干净、浇水少、抹灰砂浆和原材料质量低劣、使用不当、基层偏差较大，一次抹灰层过厚等。

2）预防措施

① 基层必须清理干净，界面剂涂刷密实，不漏涂。

② 选用质量合格的原材料，抹灰砂浆应按配合比配制。

③ 基层偏差大的地方用水泥砂浆先行补平，抹灰层应分层分遍涂抹，每层抹灰层的厚度不应超过设计规定。

（2）抹灰面不平，阴阳角不垂直、不方正

1）产生原因

抹底灰前，灰饼没做好。

2）预防措施

灰饼应找平、找直、认真操作。

4. 成品保护

（1）推小车或搬运东西时要注意不要碰坏边角和墙面。抹灰用的大杠不要靠放在刚抹灰的门头、框套上，防止损坏其棱角。

（2）拆除脚手架时要轻拆轻放，拆后材料要码放整齐，不要撞坏墙面和边角等。

（3）要保护好门头、框套上的预埋件、窗帘钩、电线槽盒、水暖设备和预留孔洞等，不要随意抹死。

（4）抹灰层凝结硬化前应防止快干、水冲、撞击、振动和挤压，以保证灰层有足够强度。

五、饰面板块镶（挂）贴

（一）陶瓷锦砖镶贴

1. 施工准备

（1）图纸准备

1）熟悉图纸，了解施工作业面。

2）接受图纸、技术安全等施工交底。

3）需确认：

①装饰施工平面图、立面图、顶面标高图等完整无误。

②墙面材质图中，陶瓷锦砖图案符合设计要求

③经过放线和实际测量尺寸、绘制深化排版图纸通过确认。

④综合点位图，完成深化排版图并通过确认。

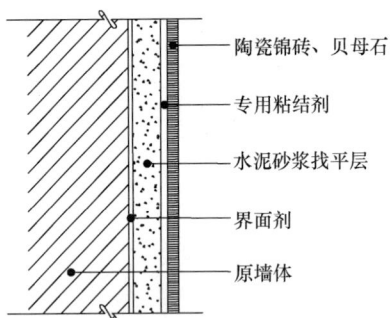

图 5-1　陶瓷锦砖铺贴施工节点图

⑤陶瓷锦砖与其他材料收口相关深化详细节点通过确认，施工节点详图（防水、与其他面层材质交界等）标注完整（图 5-1）。

（2）材料准备

1）了解所用材料报验、复验已合格，资料完善。

2）陶瓷锦砖等材料的品牌、规格、型号与封样一致。

3）陶瓷锦砖专用粘结剂符合要求。

4）水泥、黄砂等材料质量、资料符合规范和设计要求。

（3）现场准备

施工人员进场后需要对现场进行细致的检查。根据现场的施工进度与条件，判断其是否满足陶瓷锦砖铺贴的要求。检查的内容至少应包括：

1）室内外温度在5～35℃之间。

2）水平基准线，如0.5m线或1.0m线等，经过仪器复验，其误差应在允许误差以内。

3）基层墙面的抹灰工程已经按设计要求完成。墙面的平整度、垂直度误差符合规范要求，且墙面无变形、强度低、空鼓、裂纹、浮灰、油渍等情况（图5-2）。

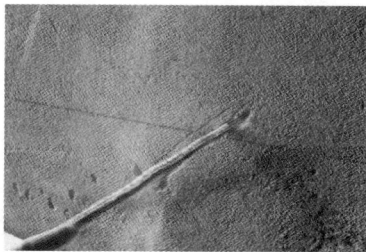

图5-2 墙面抹灰层强度低

4）各专业隐蔽工程已验收并会签确认。

5）预留孔洞及排水管等处理完毕，门窗框已固定，边缝隙嵌缝符合要求，已做好成品保护。

6）架子或工具式脚手架已支搭好，并符合作业和安全要求，在作业前经过安全部门检验。

7）大面积施工前样板已完成，并经过设计、甲方、施工单位共同认定。

（4）机具准备

1）手持切割机、砂浆搅拌机、搅拌桶、滚筒、托灰板、线锤、2m靠尺、水平尺、钢卷尺、激光投线仪、直角尺、墨线、记号笔、铅笔、胶枪、铲刀、美工刀、美纹纸、刷子、抹布、海绵等（图5-3）。

2）施工人员在施工前应对机具、临电配备情况、工作状况等进行例行检查，如发现异常情况，严禁使用。

3）工机具使用完毕后，及时清理干净。

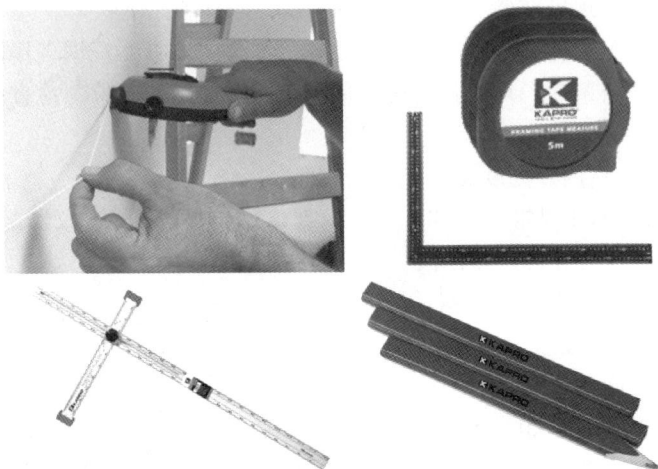

图 5-3　墨线、直角尺、钢卷尺、铅笔

2. 工艺流程

基层清理—弹线—贴灰饼—贴陶瓷锦砖—揭纸、调缝—擦缝—清洗—喷水养护。

（1）基层清理：需提前一天清理基层抹灰面并浇水润湿。

（2）弹线：以垂直中心线和楼层交圈水平线为准，按设计要求和陶瓷锦砖的规格，在基层上弹线，水平线每联陶瓷锦砖弹一道，垂直线每 2～3 联弹一道。尽量做到同一墙面符合单块陶瓷锦砖的模数，当不可避免出现非整块时，应将其安排贴在阴角处。

（3）贴灰饼：弹好线后根据粘结层厚度 3～4mm 的要求，在弹好的横竖线上，每隔 1～1.2m 抹一块小灰饼，控制粘结层厚度，保证饰面平整。

（4）粘贴：顺序为自上而下逐排从左到右或从阳角处向阴角处铺贴。粘贴时，将陶瓷锦砖纸面朝下平铺在木垫板上，用湿布或软毛刷将背面擦干净，用素水泥浆或白水泥浆刮满缝隙，并使表面也抹有 1～2mm 水泥浆，然后将周边余浆刮净，陶瓷锦砖上口按线贴，用大木抹子轻轻拍平压实，使陶瓷锦砖粘结牢固。粘贴时除按线外，还应注意与已贴好的陶瓷锦砖之间的缝隙大小均匀。

（5）揭纸、调缝：一个单元片的陶瓷锦砖贴好后，约 20～30min，便可用软毛刷蘸水将护面牛皮纸湿透，轻轻揭下，再用毛刷刷尽剩纸或胶水，并用废棉纱将表面揩擦干净。揭纸后检查缝隙大小平直情况，对歪斜不正的缝，将开刀插入缝内，用铁抹子轻击开刀，使陶瓷锦砖边口以开刀为准排齐，然后用铁抹子轻压，使其与粘结层粘结牢固。拨缝应在粘结层砂浆初凝前进行，先拨横缝，后竖缝。对揭纸带下的陶瓷锦砖，应重新补上，凹进的应起出重贴。

（6）擦缝：根据设计要求，在粘贴好的陶瓷锦砖面上，抹纯水泥浆或色水泥浆，将缝刮满、刮实、刮严，待稍干，用废棉纱或干毛巾擦缝，使缝均匀平滑，并将陶瓷锦砖表面揩擦干净（图 5-4）。

图 5-4　陶瓷锦砖擦缝干净后效果

3. 质量标准

（1）主控项目

1）陶瓷锦砖、贝母石的品种、规格、颜色、图案必须符合设计要求和现行标准的规定。

检验方法：观察、检查产品合格证书和检测报告。

2）陶瓷锦砖、贝母石粘贴工程的找平、防水、粘结和勾缝材料及施工方法应符合设计要求、国家现行产品标准、工程技术标准及国家环保污染控制等规定。

检验方法：检查产品合格证书、复验报告；隐蔽前验收。

3）陶瓷锦砖、贝母石镶贴必须牢固，无歪斜、缺棱、掉角和裂缝等缺陷。

检验方法：检查样板件粘结强度检测报告；观察；用小锤轻击检查。

（2）一般项目

1）表面：平整、洁净，颜色协调一致。

检验方法：观察。

2）接缝：填嵌密实、平直，宽窄一致，颜色一致，阴阳角处的砖压向正确，非整砖的使用部位适宜。

检验方法：观察。

3）套割：用整砖套割吻合，边缘整齐；墙裙、贴脸等凸出墙面的厚度一致。

检验方法：观察和尺量检查。

4）坡向、滴水线：流水坡向正确；滴水线顺直。

检验方法：观察和尺量检查。

（3）允许偏差项目

见表 5-1。

允许偏差和检验方法　　　　表 5-1

| 序号 | 项目 | 允许偏差（mm） | | 检验方法 |
		室内	室外	
1	立面垂直度	2	3	用 2m 垂直检测尺检查
2	表面平整度	2	2	用 2m 靠尺和塞尺检查
3	阴阳角方正	2	2	直角检测尺检查
4	接缝直线度	2	2	拉 5m 线，不足 5m 拉通线，用钢直尺检查
5	墙裙上口平直度	2	2	拉 5m 线，不足 5m 拉通线，用钢直尺检查
6	接缝高低差	0.5	1	用钢直尺和塞尺检查

4. 质量通病预防

见表 5-2。

质量通病及预防措施 表 5-2

序号	质量通病	通病图片	预防措施
1	墙面陶瓷锦砖铺贴后出现空鼓脱落现象		（1）施工前检查墙体粉刷层是否处理到位，需对基层进行浇水湿润。风化或松散严重的，应铲除原基层，重新粉刷； （2）使用专用陶瓷锦砖粘结剂，并配合基层使用界面处理剂； （3）陶瓷锦砖缝控制在 1mm 左右，避免密拼
2	同一陶瓷锦砖墙面不应有非整砖		（1）贴陶瓷锦砖前需整体放线，划分出施工大样，根据陶瓷锦砖模数弹出若干条水平控制线以及竖向基准线，在弹水平线时，应计算陶瓷锦砖的模数尺寸，使两线之间保持整砖数； （2）同时将墙面设备、预留点位、孔洞标识清楚，对缝或对中； （3）如拼花陶瓷锦砖时，需标明陶瓷锦砖排版编号，注意同一墙面不得有一排以上的非整砖，并应将其镶贴在较隐蔽的部位
3	铺贴好的陶瓷锦砖交叉污染		（1）陶瓷锦砖施工完成后，要注意成品保护； （2）室内宜适当通风，一直保持到交工 24h 后左右，一般对铺贴陶瓷锦砖的后期养护应不少于 7d

5. 成品保护

（1）镶贴好的、难以清理的陶瓷锦砖墙面应做防止污染的封包措施（图 5-5）。

图 5-5　贴防交叉污染保护膜

（2）各种工种施工作业应在陶瓷锦砖镶贴之前进行，防止损坏陶瓷锦砖。

（3）拆除脚手架时注意不要碰撞墙面。

（4）合理安排施工程序，避免相互间的污染。

（二）楼梯饰面板块镶贴

本节以大理石为饰面材料铺装为例，介绍楼梯饰面板镶贴施工工艺。

1. 施工准备

（1）图纸准备

1）熟悉图纸，了解施工作业面。

2）接受图纸、技术安全等施工交底。

3）需确认：

①地面材质图中，石材排版（品种、规格）标注完整无

遗漏。

②是经过现场放线、实测尺寸绘制并通过确认的深化排版图纸（图 5-6）。

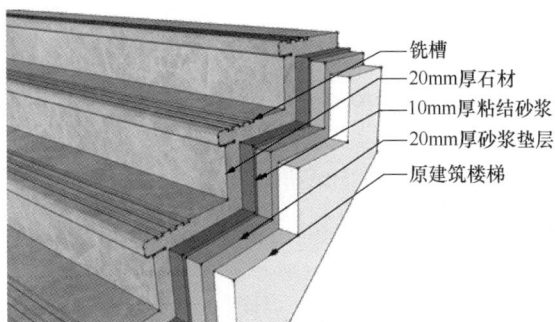

图 5-6　楼梯踏步设计深化示意图

（2）材料准备

1）大理石规格、尺寸经过验收，符合设计及深化排版图纸要求。

2）了解所用材料报验、复验已合格，资料完善。

3）大理石、水泥、白水泥、铜丝、石材专用粘结剂、防护剂及矿物颜料等材料的品牌、规格、型号与封样一致。

（3）现场准备

1）室内外温度在 5～35℃之间。

2）上道工序完成经验收合格，并办理隐蔽工程交接验收会签手续。

3）现场工作面已清理干净。

4）楼梯地面基层不得有空鼓现象。

5）地面标高控制线已标示并确认。

6）施工前样板已完成，并经过设计、甲方、施工单位共同认定。

（4）机械（具）准备

1）常用机具主要有：云石机、磨石机、砂浆搅拌机、搅拌桶、滚筒、托灰板、线锤、2m 靠尺、激光投线仪（水平尺）、钢卷尺、直角尺、锯齿镘刀、橡皮锤、墨线、铅笔、十字托、铲刀、抹布、海绵等。

2）施工人员在施工前应对机具、临电配备情况、工作状况等进行例行检查，一旦发现异常情况，严禁使用。

3）工机具使用完毕后，及时清理干净。

2. 工艺流程

基层处理—测量放线—试拼、编号—基层找平—石材铺贴—清理填缝—晶面处理—成品保护。

（1）基层处理

将地面垫层上的杂物清净，用钢丝刷刷掉粘结在垫层上的砂浆并清扫干净。

（2）测量放线

根据建筑图标高尺寸，在结构基层上弹水平线，找出楼梯第一阶踏步起步位置，及最后一阶踏步（休息平台）的踢面位置，弹出两点连线。按踏步步数均分。从各分点做垂线，即为楼梯踢面装饰面层线。休息平台基层 200mm 控制线已弹好。休息平台处，上、下楼梯第一阶踏步，踢面应处在同一直线位置。弹水平线时要注意室内与楼道面层标高的关系。

（3）试拼、编号

在正式铺设前，对每一步的大理石（或花岗石）板块，应按图案、颜色、纹理试拼，把大理石（或花岗石）板块排好，以便检查板块之间的缝隙。试拼后按两个方向编号排列，然后按编号码放整齐。

（4）基层找平

洒水湿润，刷一层素水泥浆，水灰比为 0.5 左右。铺结合层水泥砂浆，结合层一般用 M15 干性硬水泥砂浆，干硬程度以手捏成团、落地开花为宜。砂浆从下一层往上一层平台摊铺，铺好后刮平，用抹子拍实抹平，找平层厚度高出石材底面标高 3~4mm。

（5）石材铺贴

石材面层铺贴前，在石材背面用专用批刀刮一层粘结剂，晾干后再刮一层粘结剂；然后用素水泥浆作为粘结剂。浅色石材应采用白色石材专用粘结剂或白水泥素浆粘结。楼梯铺贴时，根据水平线用水平尺找平，铺完第一块后，再按照踏步往上一级一级逐步铺设，直至铺至转角休息平台为止。可分段分区依次铺设，一般先铺设踏步，再铺贴平台，最后铺设踢脚板直至收尾。必须注意与楼层地面相呼应。靠墙处应紧密结合，不得有空隙。

（6）清理填缝

在石材铺设后1～2昼夜进行灌浆擦缝。根据石材颜色，选择相同颜色的填缝剂填缝。填缝完成后，面层加以保护性覆盖，并做不小于7d的养护。

（7）晶面处理

当水泥砂浆结合层达到强度后（抗压强度达到1.2MPa时），进行晶面处理，晶面应由专业班组完成。

（8）养护保护

楼梯石材铺设完成，对铺贴好的地面应采取覆盖措施，楼梯踏步需用多层板或木工板制作外壳进行全封闭保护，养护期应设置围挡进行保护，严禁踩踏。

3. 质量通病预防

常见的楼梯石材安装的质量通病如表5-3所示。

常见的楼梯石材安装的质量通病　　　　表5-3

序号	质量通病	通病图片	预防措施
1	钢楼梯石材踏步铺贴完成后，出现空鼓		石材铺贴前，必须用胶混沙后喷满钢板基层表面，再用钢筋或钢丝网铺贴在钢板上，同时用水泥砂浆进行满铺，使钢板与基层形成整体，然后再铺贴石材

序号	质量通病	通病图片	预防措施
2	楼梯扶手预埋件与石材踏步板冲突，造成返工浪费		（1）前期对楼梯石材与扶手施工人员配合做好交底工作； （2）管理人员对预埋件放线尺寸必须进行复核，确保无误后，才允许下道工序的施工
3	不同颜色的石材用同一种胶或第三种颜色填缝，成品后接缝明显		（1）对班组进行相应的技术交底，施工过程中加强质量监控； （2）打胶前对基层必须清理干净；不同颜色石材应用相对应颜色的胶填缝，避免使用第三种颜色的胶填缝

4. 成品保护

（1）搬运石材时，要注意方法恰当，不得污染损坏石材。

（2）铺设石材板块过程中，操作人员应及时清理石材表面的水泥砂浆间及其他污物，保持表面清洁。

（3）石材铺设完毕经检查合格后，应及时进行成品保护，有条件的房间应进行封闭，无条件的石材表面覆盖保护材料，并禁止上人。

（4）必须等到砂浆强度满足要求后方可上人。

（5）石材打磨晶面处理时应注意石材及其他饰面成品的保护。

（三）简单造型门头、框套饰面板镶贴

本节以大理石板为饰面材料铺装为例，介绍简单造型门头、框套饰面板镶贴施工工艺。

1. 施工准备

（1）图纸准备

1）熟悉图纸，了解施工作业面。

2）接受图纸、技术安全等施工交底。

3）需确认：

①装饰施工平面图、立面图、顶面标高图等完整无误。

②经过放线和实际测量尺寸、绘制深化排版图纸通过确认。

（2）材料准备

1）了解所用材料报验、复验已合格，资料完善。

2）大理石板等材料的品牌、规格、型号与封样一致。

3）大理石板专用粘结剂、铜丝等辅材符合要求。

4）水泥、黄砂等材料质量、资料符合规范和设计要求。

（3）现场准备

施工人员进场后需要对现场进行细致的检查。根据现场的施工进度与条件，判断其是否满足大理石板铺贴的要求。检查的内容至少应包括：

1）室内外温度在5～35℃之间。

2）水平基准线，如0.5m线或1.0m线等，经过仪器复验，其误差应在允许误差以内。

3）基层墙面的抹灰工程已经按设计要求完成。墙面的平整度、垂直度误差符合规范要求，且墙面无变形、强度低、空鼓、裂纹、浮灰、油渍等情况。

4）各专业隐蔽工程已验收并会签确认。

5）预留孔洞及排水管等处理完毕，门窗框已固定，边缝隙嵌缝符合要求，已做好成品保护。

6）架子或工具式脚手架已支搭好，并符合作业和安全要求，在作业前经过安全部门检验。

7）施工前样板已完成，并经过设计、甲方、施工单位共同检查认定。

（4）机具准备

1）机具主要有：云石切割机、磨石机、激光投线仪、搅拌桶、滚筒、托灰板、线锤、2m靠尺、水平尺、钢卷尺、直角尺、锯齿镘刀、橡皮锤、墨线、记号笔、铅笔、十字托、抹布、海绵等。

2）施工人员在施工前应对机具、临电配备情况、工作状况等进行例行检查，一旦发现异常情况，严禁使用。

3）工机具使用完毕后，及时清理干净。

2. 工艺流程

清理基层—弹线—试拼—板材打孔、固定铜丝—基层打孔、固定铜丝—穿铜丝—板材就位、绑固、调整—灌浆—装侧面板—调缝、嵌缝—修整保护。

（1）清理基层

挂贴前先将基层表面的灰砂、油垢和油渍等清除干净，并对预埋件、锚固件、电器箱、盒位置进行检查，对遗漏和移位的立即进行调整（无预埋件时，可用直径不小于10mm、长度不小于110mm的膨胀螺栓作为锚固件）。

（2）弹线

将墙面、柱面的长、宽、高尺寸核对准确。对其断面尺寸进行检查、修整，以防止挂贴时发生错误。用激光投线仪从上至下找出墙面或柱面的垂直、用方尺找方，并考虑板材的实际厚度及灌注砂浆的空隙（空隙2cm左右为宜，不大于5cm），在地面上弹出板块外围尺寸线，此线为第一层的基准线，然后弹好水平线和垂直线。

（3）试拼排版

参照设计图纸及节点收口方案进行加工石材，现场复核试拼，并在墙上弹出石材分格线（图5-7、图5-8）。

（4）板材打孔、固定铜丝

在安装上脸板时，如果尺寸不大，只需在板的两侧和外边侧面小边上钻孔，一般每边钻两个孔，孔径为5mm，孔深18mm。将铜丝插入孔内用木楔蘸环氧树脂胶固定，也可以钻成牛鼻子孔把铜丝穿入，后绑扎牢固（图5-9）。

图 5-7　半成品石材

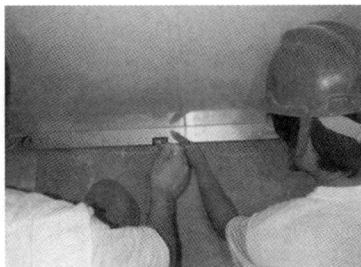

图 5-8　试拼排版

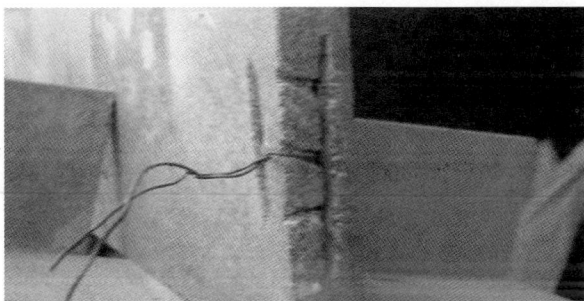

图 5-9　板材打孔、固定铜丝

把铜丝放入槽内，两端露出槽外，在槽内灌注由 1∶2 水泥砂浆掺加 15％水质量的乳液拌合的聚合物灰浆，或用木块蘸环氧树脂填平凹槽，再用环氧树脂抹平的方法把铜丝固定在板上。

（5）基层打孔、固定铜丝

首先剔出墙上的预埋筋，把墙面镶贴大理石的部位清扫干净。如石材板块较小，不用加绑竖向和横向钢筋，可把石材上铜丝直接绑扎在预埋钢筋上。

（6）板材就位、绑固、调整

安装时，在基层和板材背面涂刷素水泥浆或粘贴剂，紧接着把板材背面朝上放在准备好的架子上，将铜丝与预埋筋绑扎后经找方、调平、调正，拧紧铜丝，用木楔了楔稳（图 5 10），视基层和板背素水泥的干湿度，喷水润湿（如果素水泥浆颜色较深，

图 5-10　板材就位、绑固、调整

说明吸水较慢，可以不必喷水）。

（7）灌浆

将 1∶2 水泥砂浆掺加 15％水质量的建筑胶的砂浆灌入基层
与板材的间隙中，每层灌注高度 150～200mm，边灌边用木棍捣
固、捣实，3d 后拆除木楔，待砂浆与基层之间结合完好后，可
以把支架拆掉（图 5-11）。

图 5-11　灌浆

（8）装侧面板

然后可进行门窗两边侧面板材的安装，侧面立板要把顶板的
两端盖住，以加强顶板的牢固程度（图 5-12）。

（9）调缝、嵌缝

全部饰面板安装完毕后，清除所有余浆痕迹，用湿布擦洗干

图 5-12　侧面板挂贴

净，并按石板颜色调制色浆嵌缝，边嵌缝边擦干净，使缝隙密实、干净、颜色一致。擦缝时注意防止色浆污染板面（图 5-13）。

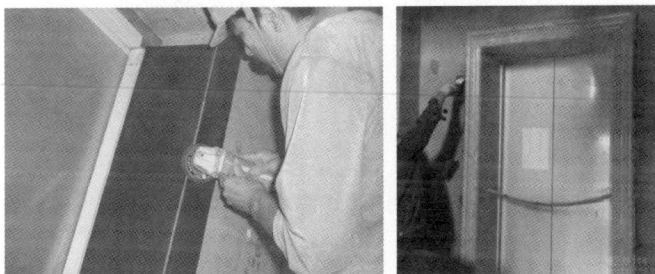

图 5-13　侧面板调缝

（10）修整保护

擦缝完成后，表面及时清理干净，进行打蜡保护（图 5-14）。

3. 质量通病预防

（1）施工中应认真做每道工序，找平。垫实、捻严、固定牢靠。

（2）若石材板细长而出现断裂，在石材背面需要进行覆筋加固处理。

（3）安装时接缝处要用与

图 5-14　完成的门头、框套

石材同色的专用嵌缝剂或粘结剂进行勾缝处理。

（4）有背网石材切窄的窗台时，需要进行石材背筋加固处理。

（5）石材表面已经抛光处理，应避免硬物划伤；石材具有一定的透气性，不可长期被覆盖。

4. 成品保护

（1）石材进场后，应放在专用场地，不得污染。石材现场打孔开槽时，工作场所及工作台应干净整洁，避免加工中划伤石材表面。

（2）石材安装中，应注意保护与石材交界的门窗框。

（3）合理安排施工顺序，避免工序颠倒。应在专业设备、管线安装完成后再挂贴石材，防止污染损坏石材饰面板。

（4）翻、拆脚手架时，严禁碰撞石材饰面板。

（四）路面、彩道砖镶贴

本节以一般人行道路面铺装彩道砖为例，介绍路面彩道砖铺装施工工艺。

1. 施工准备

（1）图纸准备

1）熟悉图纸，了解施工作业面。

2）接受图纸、技术安全等施工交底。

3）需确认：

①地面铺装图和材质图中，彩道砖、路缘石的排版（品种、规格）标注完整无遗漏。

②是经过现场放线、实测尺寸绘制并通过确认的深化排版图纸。

（2）材料准备

1）了解所用材料报验、复验已合格，资料完善。

2）预制混凝土彩道砖、路缘石、平缘石等材料的品牌、规格、型号与封样一致（图 5-15、图 5-16）。

图 5-15　路缘石

3）彩道砖铺装辅材符合要求。

4）水泥、黄砂、石子等材料质量、资料符合规范和设计要求。

（3）现场准备

1）已放线且已抄平，标高、尺寸已按要求确定好。基层已碾

图 5-16　彩道砖

压密实或夯实，密实度符合设计要求，并已经进行质量检查验收。

2）施工现场设置安全文明施工符合要求。

3）环境温度等气象条件符合施工要求并已做好防范准备工作。

（4）机具准备

主要机具：激光投线仪、水平尺、水桶、笤帚、平铁锹、铁抹子、大木杠、小木杠、筛子、窗纱筛子、喷壶、锤子、橡皮锤、錾子、溜子、板块夹具、手推车等。

2. 工艺流程

清理外运—测量放线—安放路缘石、侧边石—彩砖铺设—灌缝—保护。

（1）清理外运

清理铺设区域路面表面的碎石、砂、土等杂物，使表面干净整洁，垃圾外运至指定暂存处，并在路缘石安装之前对其洒水润湿。

（2）测量放线

根据设计要求和路面标高、初步控制标高，校核边线，用仪器测出路缘石位置，用带有明显标志的水泥钉钉进、钉牢，在路面或步道边缘与路缘石交界处放出路缘石内边线，钉桩间距直线为20m，曲线可根据平曲线半径大小和竖曲线半径大小而定，一般5m或10m；并在桩上标明路缘石顶面标高。

按新钉桩挂线，在直线部分可用小线放线，如果拉线较长，有挠度，中间再加支承桩。在刨槽后安装前再复核一次。

（3）安放路缘石、平缘石

在道路两侧根据已拉好的水平标高线，进行预制混凝土马路牙子安装，先挖槽量好底标高，再进行埋设，上口找平、找直，灌缝后两侧培土掩实。在道路两侧根据已拉好的水平标高线，进行预制混凝土路缘石、侧边石安装工作。安装前先挖槽并严格控制基底标高，然后进行埋设工作；安装时需保证上口找平、找直。

1）路缘石施工

在路缘石靠行车道一侧，按照设计每10m定一平面控制标记

在安置路缘石的位置。在开挖的基槽内铺砌M10砂浆，砌筑路缘石。安装路缘石时，在相邻间隔10m的路缘石顶面挂线以控制上口标高，保证上口平齐。采用M15砂浆勾缝，勾缝宽不超过10mm，缝宽均匀，勾缝密实（图5-17）。

图5-17 路缘石铺装

2）平缘石施工

在靠人行道一侧，按照设计每 10m 定一平面控制标记在安置侧边石的位置，下挖 30mm 水泥稳定碎石底基层后铺砌 M7.5 砂浆，砌筑侧边石。安放侧边石时，在相邻间隔 10m 的侧边石顶面挂线以控制标高，保证上口平齐，采用 M15 砂浆勾缝，勾缝宽不超过 10mm，缝宽均匀，勾缝密实（图 5-18）。

图 5-18　平缘石铺装

（4）彩道砖（包括盲道彩砖）铺设

1）拉水平线，根据路面场地面积大小可分段进行铺砌，先在每段的两端头各铺一排彩道砖板块，以此作为标准进行码砌。

2）铺砌前将垫层清理干净后，铺一层 25mm 厚的砂垫层或干硬砂浆结合层（配合比按设计要求），砂浆结合层铺设面积不可过大，随铺浆随砌，板块铺上时略高于面层水平线，然后用橡皮锤将板块敲实，使面层与水平线相平。板块缝隙不宜大于 6mm，要及时拉线检查缝格平直度，用 2m 靠尺检查板块的平整度（图 5-19）。

（5）灌缝

预制混凝土板块彩道砖铺砌后 2d 内，应根据设计要求的材料（砂或砂浆）进行灌缝，填实灌满后将面层清理干净，待结合层达到强度后，方可上人行走。夏季施工，面层要浇水养护。

图 5-19 彩道砖铺设

（6）保护

冬期施工时，按规定做好防冻保温措施，铺砌完成后，要进行覆盖，防止受冻。

3. 质量通病预防

（1）路面使用后出现塌陷现象

主要原因是路基回填土不符合质量要求，未分层进行夯实，或者严寒季节在冻土上铺砌路面，开春后土化冻路面下沉。因此在铺砌路面板块前，必须严格控制路基填土和灰土垫层的施工质量，更不得在冻土层上作路面。

（2）板面松动

铺砌养护 2d 后，立即进行灌缝，并填塞密实，路边的板块缝隙处理尤为重要，防止缝隙不严板块松动，并要控制不要过早上车碾压。

（3）板面平整度偏差过大、高低不平

在铺砌之前必须拉水平标高线，先在两端各砌一行，作为标筋，以两端标准再拉通线进行控制水平高度，在铺砌过程中随时用 2m 靠尺检查平整度，不符合要求时及时修整。

4. 成品保护

（1）路面铺好后，水泥砂浆终凝前不得上人，强度不够不允许上重车行驶。

（2）无马路牙子的路面，注意对路边混凝土块的保护，防止路边损坏。

（3）不得在已铺好的路面上拌合混凝土或砂浆。

（五）地面、墙（柱）面的石材湿（挂）贴

本节分别以地面石材铺贴和墙（柱）面的石材湿挂为例，介绍大理石铺贴施工工艺。

1. 施工准备

参照本章"（二）楼梯饰面板块镶贴"施工准备内容。

2. 工艺流程

（1）地面石材铺贴

基层处理—测量放线、预排—粘结剂搅拌—铺设石材面层—养护—擦缝—打磨结晶—成品保护。

1）基层处理

施工前应先对地面水泥砂浆找平层进行检查、验收，确保基层质量符合要求。提前一天铲除并清扫表面的凸起物及附着在基层表面的颗粒杂质等，洒水湿润。如基层表面有油污、铁锈等，要采用钢丝刷、砂纸或有机溶剂进行彻底清洗。铺贴前不能有积水、明水，将基层用清水润湿，待基层无明水后涂刷一层界面剂。（图5-20）。

图 5-20 基层处理

2）测量放线、预排

根据设计确认的排版图，首先定出房间中央十字中心线，再向四周延伸进行分格测量弹线，有特定拼装图案区域的在地面上弹线固定下来；根据墙上 1m 线（即地面标高向上 1m 的水平控制线）及设计规定的板材面层厚度，往下量测面层面的水平标高，沿墙根用砂拍实虚铺一排板材作为标高砖，然后拉线做出中间部分的标筋，用来控制面层铺贴标高（图 5-21）；

图 5-21　测量、弹线

弹线定位后对照图案进行试铺编号（图 5-22）。

图 5-22　试铺编号

3）粘结剂搅拌

将称量好的液体组分倒入搅拌桶，然后将粉体缓慢地倒入其中，边倒料边用手持搅拌机搅拌。搅拌时应上下提升搅拌枪直至搅拌均匀（用抹灰刀挑起胶粘剂，5s 左右坠落，胶粘剂效果最佳），搅拌均匀后将胶粘剂水化（静置）5min 后进行二次搅拌1～3min 即可使用（水化后的粘结剂不可加水或粘结剂干粉再次搅拌）。

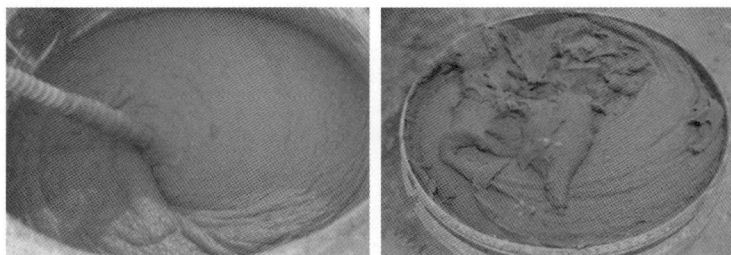

图 5-23　粘结剂搅拌

4）铺设石材板面层

铺设前 24h，铲除石材背网并清理干净（强度较高、耐碱背网不需铲除，但需有项目部的技术交底），并做六面防护，防止返碱、返水和水锈；先行铺设中央十字中心线对角两块板材，然后沿着十字中心线向四周铺设。

根据放线位置和水平位置进行铺贴，用锯齿镘刀将浆料均匀地刮涂于石材背面或基层的粘结面上，基层误差较大时，可在基层和石板背面两边同时刮涂（图 5-24）。

再将石材板按压到基层上面，用橡皮锤轻轻敲击、调整水

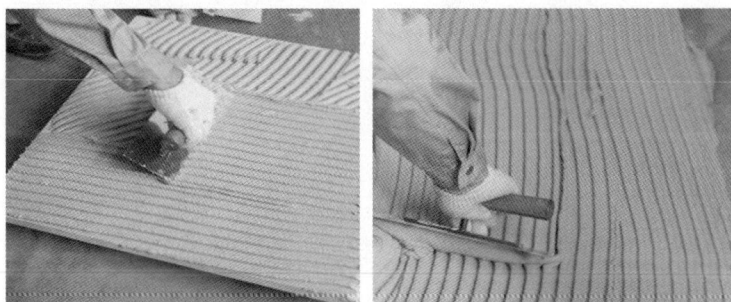

图 5-24　刮涂粘贴剂

平、摆正压实；石板四周接缝部位的缝内挤压出的粘结剂用铲刀等工具及时清理干净。

使用吸盘铺石材板安放时，应四角同时下落，用橡皮锤或小木锤填板击实夯平整；水准尺测平，及时清除板缝中挤出的余浆和清洁板面（图 5-25～图 5-27）。

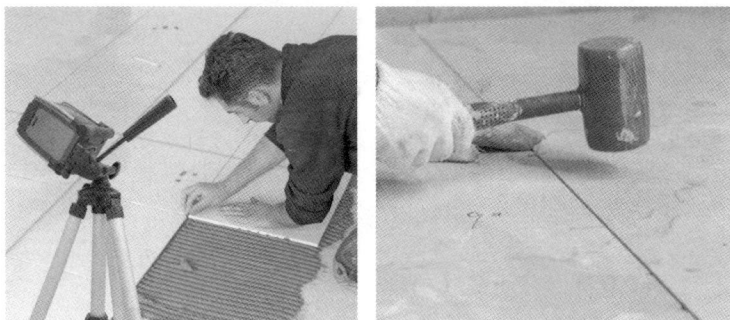

图 5-25　摆正、调平、压实

图 5-26　清理缝内粘结剂　　　　图 5-27　板缝宽度留置支架

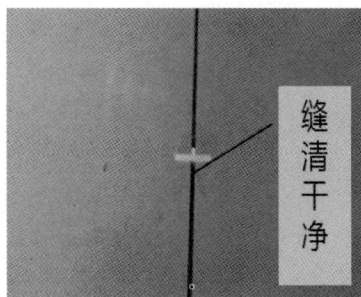

5）养护

一般情况下石材面层养护不少于 7d，强度达到 5MPa 后才能上人打磨作业；高级花岗石材面层常温条件下养护不少于 28d，才能作打磨、晶面处理。

6）擦缝

一般石板面层铺完 2d 后，采用机器对石材拼缝进行清理拉缝，用吸尘器清理完灰尘后，调制颜色与石材相近的嵌缝剂填入缝中，待粘贴剂干透方可进行下步工序（图 5-28、图 5-29）；

图 5-28　嵌缝剂填缝　　　　　图 5-29　清理多余嵌缝剂

7）打磨结晶

地面养护达到强度后要打磨 3 遍。先用金刚粗砂轮打磨一遍，打磨完成后，清洗板面和清掏板缝，晾干后，用同色同品种石粉掺一定比例的环氧胶（或专用胶）搅拌均匀，批嵌板缝，同时对板面空隙修补，然后养护不少于 3d；第二次打磨改用模数较大（模数越大越细）的细磨片，打磨后清洗板面，晾干后对板缝补浆，再养护不少于 3d；第三次打磨选用更大模数的细磨片打磨，打磨完成后清洗板面，晾干，并作成品保护，不得污染板面（图 5-30）。

抛光与晶面处理：在充分晾干、洁净的地面上，均匀布洒"石材晶面保护液"，用 1 号钢丝绒贴在磨机底面打磨不少于 5遍，直至光亮如镜；远视（5m 外）犹如无缝地面（图 5-31）。

（2）墙面石材挂贴

基层处理—放线排版—绑扎钢筋—钻孔、剔槽、穿铜丝—铲网、刷防护剂—湿挂石材—分层灌浆—擦缝—打磨结晶—成品保护。

图 5-30　打磨结晶

图 5-31　光泽度检测

1）基层处理

检查基准线是否已按要求标记好，误差在允许误差以内；基层表面平整度、垂直度、牢固度符合要求。对基层表面的油脂、浮尘、疏松物等不利于粘结的物质需清理干净，墙面提前一天洒水湿润。

2）放线排版

放线：按照确认的施工图纸进行吊直、套方、找规矩、放线，弹出墙面完成面线，以及墙面石材排版分格线（图 5-32、图 5-33）。

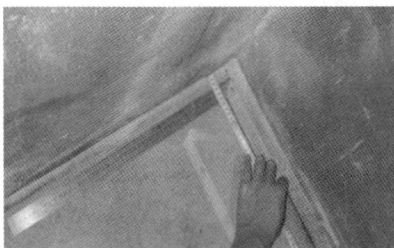

图 5-32　套方、找规矩

图 5-33　墙面弹线

排版：根据大样图及墙面尺寸，结合地面石材排版尺寸进行横、竖向预排，以保证石材缝隙均匀，符合设计图纸要求。注意大墙面、通天柱子和垛子的需排常规尺寸的整块石材。非常规尺寸石材应排在次要部位，如窗间墙或阴角处等，但亦要注意一致和对称。如遇有凸出的卡件或插座、盒槽等，应用整块石材套割吻合，不得用非整块石材随意拼凑镶贴。

3）绑扎钢筋

首先剔出墙上的预埋筋，把墙面清扫干净。先把竖向镀锌 $\phi6$ 钢筋穿于预埋钢筋铁环内，或用预埋筋弯压于墙面或并绑好（无预埋件时，可用直径不小于 10mm、长度不小于 110mm 的膨胀螺栓作为锚固件）。如板材高度为 600mm 时，第一道横筋在地面以上 100mm 处与主筋绑牢，用作绑扎第一层板材的下口固定铜丝。第二道横筋在 500mm 水平线上 7～8cm，比石板上口低 2～3cm 处，用于绑扎第一层石板上口固定铜丝，再往上每 600mm 绑一道横筋即可（图 5-34）。

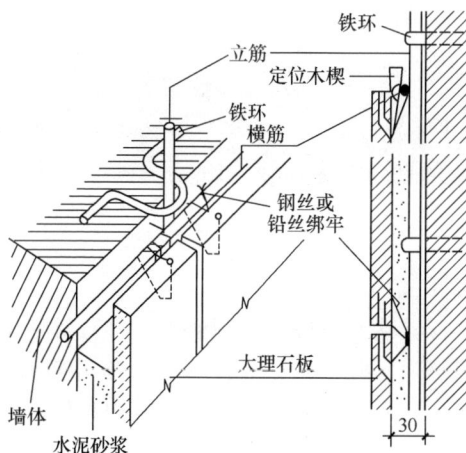

图 5-34 钢筋、铜丝绑扎构造图

4）钻孔、剔槽、穿铜丝

安装前先将石材板按照设计要求用台钻打眼，事先应钉木架使钻头直对板材上面，在每块板的上、下两个面打眼，孔位打在距板宽的两端 1/4 处，每个面各打两个眼，孔径为 4～5mm，深度为 12mm，孔位距石板背面以 8mm 为宜。钻孔后，用扁凿在石材背面孔壁轻轻剔一道槽，深 5mm 左右。连同孔眼形成鼻眼状，以备埋卧铜丝之用。

把备好的铜丝剪成长 20cm 左右，一端用木楔粘环氧树脂将铜丝压入水平槽内，另一端将铜丝顺孔槽弯曲并卧入槽内，使大理石或磨光花岗石板上、下端面没有铜丝凸出，以便和相邻石板接缝严密（图 5-35）。

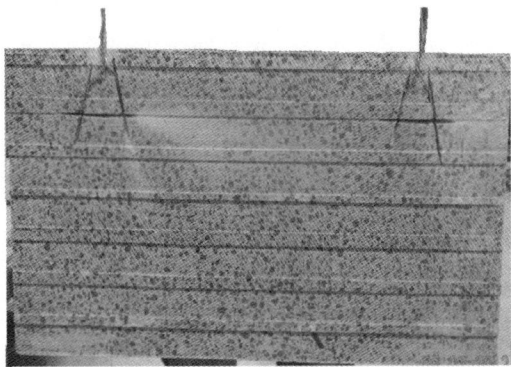

图 5-35　切槽安装铜丝

5）铲网、刷防护剂

粘贴前对石材粘结面进行清理处理，将石材粘结面厂家临时补强用的背网铲除，并将灰尘、污物、油渍等残留物清理干净，涂刷防护型背胶（图 5-36）。第一遍涂刷完间隔 24h 后用同样的方法涂刷第二遍石材防护剂，间隔 48h 晾干后方可使用。

6）湿贴挂石材

按部位取石板并舒直铜丝就位，石板上口外仰，把石板下口铜丝绑扎在横筋上，并用木楔子垫稳，块材与基层间的缝隙一般为 30～50mm。用靠尺板检查调整木楔，再拴紧铜丝，依

图 5-36　涂刷防护背胶

次向另一方进行。第一层安装完毕再用靠尺板找垂直，水平尺找平整，方尺找阴阳角方正、垫牢，使石板之间缝隙均匀一致，并保持第一层石板上口的平直。找完垂直、平直、方正后，把调制的熟石膏贴在大理石板上下之间，使这二层石板结成一整体，木楔处亦可粘贴石膏，再用靠尺检查有无变形，等石膏硬化后方可灌浆。

7）分层灌浆

把稠度一般为 9～12cm、配合比为 M10 或 M15 水泥砂浆灌入石材与墙面夹缝里，注意勿碰大理石，边灌边用橡皮锤轻轻敲击石板面或用钢筋棍轻捣，使灌入砂浆排气。第一层浇灌高度为 150mm，不能超过石板高度的 1/3；第一层灌浆很重要，因要锚固石板的下口铜丝又要固定饰面板，所以要轻轻操作，防止碰撞和猛灌。如发生石板外移错动，应立即拆除重新安装。待砂浆初凝后进行第二次灌浆，高度为石板的 1/2，第三层灌浆至低于石板上口 5cm 处为止。

8）擦缝

全部饰面板安装完毕后，清除所有石膏和余浆痕迹，用湿布擦洗干净，并按石板颜色调制色浆嵌缝，边嵌缝边擦干净，使缝隙密实、干净、颜色一致。擦缝时注意防止色浆污染板面。

3. 质量通病预防

见表 5-4、表 5-5。

序号	质量通病	通病图片	正确图片
1	地面大理石出现返潮、泛碱现象		
2	原因分析	（1）施工方法出现操作不当，在铲除石材背面防潮网片时将石材防护层破坏； （2）石材出厂前本身的六面防护不到位； （3）验收不严格，未对进场石材进行严格检验，致使部分存在暗纹断裂石材进场； （4）地面基层水分过重，而石材粘结层未采用白色胶泥粘结，致使深色水分泛出	
3	预防/解决措施	（1）严格保护石材防护层，防止水分透过原始防护层； （2）做好石材进场质量验收工作，对存在问题石材予以清退； （3）用白色胶泥做粘结层，防止深色色素从缝隙溢出； （4）如果已经大面积出现返潮泛碱现象，则需请专业石材保养公司，从外至内做好石材的防护养护工作，从根本上堵住石材缝隙，并定期对石材进行保养维护，防止石材表面污染	

序号	质量通病	对比图片		原因分析	解决措施
1	开槽石材墙面阴角拼缝处出现孔洞	通病图片		阴角两侧石材均抽贯通槽，拼接后露出黑洞	（1）预防措施：阴角两侧石材采用45°拼角。 （2）预防措施：阴角两侧石材中一侧石材抽槽不到底
		正确图片			

序号	质量通病	对比图片		原因分析	解决措施
2	石材墙面平接拼缝处平整度差，石材切割边存在暴边现象	通病图片		.（1）前期未对石材的性质作分析，未提供解决石材缺陷的施工工艺；（2）加工、运输、安装等环节导致爆边	（1）石材进场时严格检查，劣质和有损坏的石材严禁入场；（2）石材拼缝在深化设计阶段就建议留V形缝，避免密拼方案；（3）安排厂家对石材正面进行倒V字形倒斜边，石材反面进行内衬背条，板面倒V字形角避免高低不平，内衬背条安装切割；（4）安装石材平接拼缝时，对施工人员做好交底工作。如出现爆边现象，可采用同色云石胶进行修补
		正确图片			

4. 成品保护

1）3d内不可上人，7d内不可上重物，采用拉线或简易栏做好标志。

无需上人作业时，可采用敞开式保护，石材上严禁覆盖塑料膜等不透气的材料，应自然敞开，如需上人作业，需覆盖具有透气性的材料，再覆盖瓦楞板、木工板或石膏板等硬质材料。

2）成品地面应防止尖锐铁器等物撞击和刻划，防止有腐蚀性的污水浸入。

3）应采取措施保护已完工的墙面、门窗等。

4）石材铺贴过程中，操作规程人员应做到随铺随用干布揩净大理石面上的水泥浆。

5）墙柱面阳角用专用护角进行保护。施工镶贴完一周内禁止敲击、碰撞。

6）拆除架子时注意不要碰撞墙面。

（六）地面、墙（柱）面的玻化砖湿贴

吸水率低于 0.5% 的陶瓷砖通称为玻化砖。玻化砖表面致密、耐污性好、耐磨性好，其应用非常广泛。而正是因为玻化砖吸水率低、表面致密的特点，也造成易空鼓脱落的缺点，其铺贴的方法也与普通瓷砖有所不同。本节分别以地面、墙（柱）面的玻化砖湿贴为例，介绍玻化砖铺贴施工工艺。

1. 施工准备

（1）图纸准备

1）熟悉图纸，了解施工作业面。

2）接受图纸、技术安全等施工交底。

3）需确认：

① 墙、地面材质图中，玻化砖排版（品种、规格）标注完整无遗漏。

② 是经过现场放线、实测尺寸绘制并通过确认的深化排版图纸。

（2）材料准备

1）玻化砖规格、尺寸经过验收，符合设计及深化排版图纸要求。

2）了解所用材料报验、复验已合格，资料完善。

3）玻化砖、专用粘结剂、水泥、白水泥、铜丝、防护剂及矿物颜料等材料的品牌、规格、型号与封样一致。

（3）现场准备

1）室内外温度在 5～35℃ 之间。

2）上道工序完成经验收合格后进行交接，并办理隐蔽工程交接验收手续。

3）现场工作面已清理干净。

4）墙地面找平层不得有空鼓现象。

5）地面标高控制线已标示并确认。

6）各专业隐蔽工程已验收并会签确认。

7）施工前样板已完成，并经过设计、甲方、施工单位共同认定。

（4）机具准备

1）电（气）动工具：手持瓷砖切割机、瓷砖切割机、砂浆搅拌机等。

2）手动工具：搅拌桶、滚筒、瓷砖吸提器、托灰板、线锤、2m靠尺、水平尺、钢卷尺、直角尺、锯齿馒刀、橡皮锤、胶枪、铲刀、美工刀等。

3）耗材：墨线、记号笔、铅笔、十字托、美纹纸、刷子、抹布、海绵。

4）施工人员在施工前应对机具、临电配备情况、工作状况等进行例行检查，一旦发现异常情况，严禁使用。

5）工机具使用完毕后，及时清理干净。

2. 工艺流程

（1）地面玻化砖铺贴

基层处理—放线排版—清砖、背胶—粘结剂搅拌—铺贴玻化砖—擦缝、清洁—成品保护。

1）基层处理

施工前应先对地面水泥砂浆找平层进行检查、验收，确保基层质量符合要求。提前一天铲除并清扫表面的凸起物及附着在基层表面的颗粒杂质等，洒水湿润。如基层表面有油污、铁锈等，要采用钢丝刷、砂纸或有机溶剂进行彻底清洗。铺贴前待基层无明水后涂刷一层界面剂。（图5 37）

2）放线排版

图 5-37 清理地面找平层

参照本章"（五）地面、墙（柱）面的石材湿（挂）贴"中
（1）地面石材铺贴测量放线有关内容。

3）清砖、背胶

用手持电动（稍硬的）毛刷、毛巾等工具清理干净玻化砖背
面的脱模剂等附着物（图5-38）。

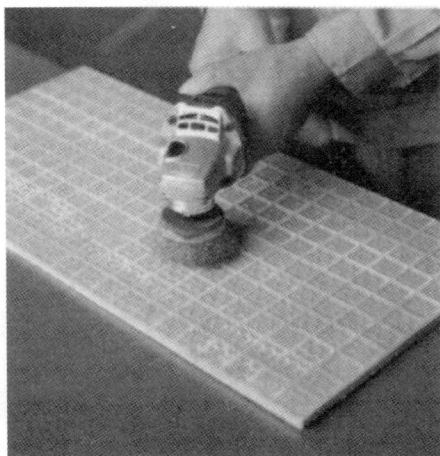

图 5-38 清除玻化砖背面的脱模剂

在玻化砖粘贴面涂刷专用背胶，每块涂刷背胶后，四角用垫块做支撑水平、叠加放置，通风晾干（图 5-39）。

图 5-39　涂刷背胶、通风晾干

4）粘结剂搅拌

参照本章"（五）地面、墙（柱）面的石材湿（挂）贴"中（1）地面石材铺贴粘贴剂有关内容。

5）铺贴玻化砖

参照本章"（五）地面、墙（柱）面的石材湿（挂）贴"中（1）地面石材铺贴有关内容。

6）擦缝、清洁

铺贴完成后，经自检无空鼓、表面平整、砖边顺直后，用棉丝擦干净，刮去多余浆料，用柔性填缝剂或弹性硅酮胶进行填缝，用布将砖面擦净，要求缝内密实、平整、光滑。

（2）墙砖铺贴

基层处理—放线排版—清砖、背胶—粘结剂搅拌—铺贴玻化砖—擦缝、清洁—成品保护。

1）基层处理

施工前应先对墙面水泥砂浆找平层进行检查、验收，确保基层质量符合要求（图 5-40）。提前一天铲除并清扫表面的凸起物及附着在基层表面的颗粒杂质等，洒水湿润（图 5-41）。如基层表面有油污、铁锈等，要采用钢丝刷、砂纸或有机溶剂进行彻底清洗。铺贴前待基层无明水后涂刷一层界面剂。

图 5-40 找平层质量检查

图 5-41 洒水湿润

2）放线排砖

参照本章"（五）地面、墙（柱）面的石材湿（挂）贴"中（1）地面石材铺贴有关内容。

3）清砖、背胶

参照本章"（六）地面、墙（柱）面的玻化砖湿贴——2. 工艺流程"中3）清砖、背胶有关内容。

4）粘结剂搅拌

参照本章"（五）地面、墙（柱）面的石材湿（挂）贴"中（1）地面石材铺贴粘贴剂有关内容。

5）铺贴玻化砖

玻化砖镶贴施工：

根据墙面预排自下而上，从阳角开始沿水平方向逐一铺贴。用锯齿镘刀将粘贴剂浆料均匀地刮涂于玻化砖和墙面基层的粘结面上。基层平整度误差较大时，可在基层和玻化砖两面同时刮涂粘贴剂，方向垂直（图 5-42、图 5-43）。

再将玻化砖按压到基层上，用橡皮锤轻轻敲击、调整水平、摆正压实，靠尺板检查表面的平整度，阳角拼缝可以用阳角条，也可以用切割机将釉面砖边沿成 45°斜角，注意不能将釉面损坏或崩边，接缝平直、密实（图 5-44）。

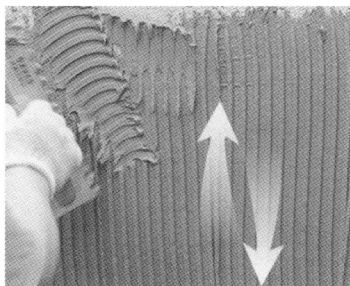

图 5-42　墙面批刮粘贴剂

图 5-43　玻化砖批刮粘贴剂

图 5-44　与墙面压实

在玻化砖铺贴时应注意留缝，根据设计要求和规范采用十字托或者纸片等方式留缝处理，设计无要求时一般缝宽 1～1.5mm，且横竖缝宽一致（图 5-45）。

镶贴时，可以运用激光投线仪检查、校正墙面砖的垂直度和直线度（图 5-46）。

6）擦缝、清洁

铺贴完成，经自检无空鼓、表面半整、砖边顺直后，用棉丝

图 5-45　玻化砖墙面留缝

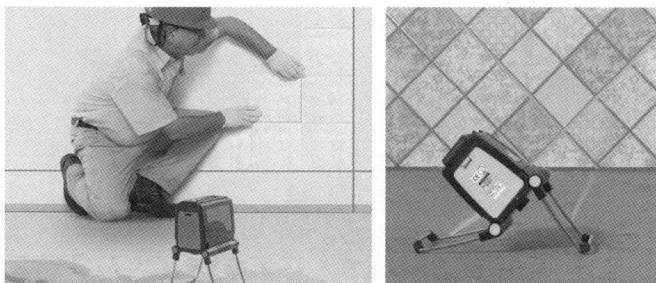

图 5-46　检查、校正墙面砖的垂直度和直线度

擦干净，刮去多余浆料，用柔性填缝剂或弹性硅酮胶进行填缝，用布将砖面擦净，要求缝内密实、平整、光滑（图 5-47）。

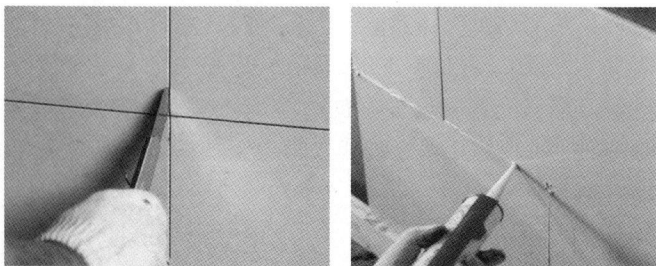

图 5-47　清缝、填缝

3. 质量通病预防

见表 5-6、表 5-7。

常见的地面玻化砖质量通病及正确做法对比　　　　表 5-6

序号	质量通病	通病图片	预防措施
1	玻化砖空鼓、起拱		（1）地面基层必须彻底清理干净并拉毛； （2）施工前用毛刷将玻化砖背面浮灰清理干净，然后用界面剂涂刷玻化砖背面并晾干； （3）砖与砖之间留温度伸缩缝。每 10m×10m 范围内应留一道 8～10mm 伸缩缝，柔性填缝剂填缝；墙、柱四周应留 10mm 以上伸缩缝，踢脚线遮盖； （4）采用有效的成品保护措施，注意养护
2	玻化砖地面平整度偏差大		（1）挑砖时要认真仔细，剔除不合格玻化砖； （2）玻化砖铺贴时，利用水平尺与标准块或相邻砖随时校正； （3）养护期内，禁止上人、重载或存放重物

常见的墙面玻化砖质量通病及预防措施　　　　表 5-7

序号	质量通病	通病图片	预防措施
1	墙面玻化砖铺贴后出现空鼓脱落现象		（1）施工前检查墙体，对基层进行浇水湿润。风化或松散严重的，应铲除原基层，重新粉刷； （2）砖背面清理干净，用锯齿镘刀批刮专用界面剂，粘结剂厚度为 5～7mm； （3）使用相应的玻化砖粘结剂； （4）砖缝控制在 1mm 左右，避免密拼

序号	质量通病	通病图片	预防措施
2	墙砖V形缝在板块拼接处有高差,影响装饰效果		(1)严格控制来料检验,不合格的产品应退货处理。施工中用钢直尺检查每块,发现高低立即整改; (2)墙砖粘贴时,上下两块砖交界处应预留1mm宽的缝,这样可以在一定程度上减少因材质本身引起的安装质量问题,保证V形墙砖的上口在同一斜面上,四块墙砖之间的十字缝尽量做到横平竖直; (3)铺贴时,严格控制水平线,第一排控制好,铺第二排时再纠偏,每铺贴两排调整一次水平

4. 成品保护

1)玻化砖施工完成后,需进行不少于7d的养护,并做好成品保护工作,墙面阳角用专用护角进行保护。施工铺贴完一周内禁止敲击、碰撞。

2)地砖铺贴完成后,可采用塑料瓦楞板或废弃的模板、木工板、石膏板等平铺于地砖上方。养护期内应采取保护措施,禁止在地砖面层上行走。

3)及时清擦干净门、窗框等饰面上残留的粘结剂、砂浆等。铝合金窗、塑料窗必须粘贴保护膜,发现损坏处,立即补贴严实。

4)施工前需做好水、电、通信、通风、设备管道穿墙、支架固定等需要保护部分的防护,防止墙面砖镶贴施工中、成活后再造成损坏。

5)拆除架子时注意不要碰撞墙面。

（七）游泳池石材的湿贴

1. 施工准备

参照本章"（二）楼梯饰面板块镶贴"等节施工准备内容。

2. 工艺流程

基层处理—基层找平—防水施工—蓄水试验—防水保护—放线排版—粘结剂搅拌—铺设石材面层—养护—擦缝—打磨结晶—成品保护。

（1）基层处理

施工前应对游泳池底面、池壁基层进行检查，并经过结构蓄水试验合格后方可进行装饰施工。

提前一天对基层表面的凸起物及附着的颗粒杂质等进行清理铲除，并洒水湿润。如基层表面有油污、铁锈等，要采用钢丝刷、砂纸或有机溶剂进行彻底清洗。找平层施工前将基层用清水润湿，在基层湿润的情况下，先刷抗渗型界面剂（或素水泥浆）一道（图5-48）。

图5-48 刷抗渗型界面剂

（2）基层找平

找平层采用 C25 细石混凝土找平加双向双层 Φ6@100 钢筋网片加强处理（图 5-49），表面随捣随抹、压实压平，坡向符合设计要求。防水层基底找平层在墙角做成半径不小于 50mm 的圆弧。找平层的排水坡度应符合设计或规范要求，找平层应向排（回）水口（或排污口、地漏）泛坡，排水口（或排污口、地漏）处要低于基层完成面 20mm。

图 5-49　找平层钢筋网加强

（3）防水施工

防水层施工主要使用柔性防水材料，柔性防水是指涂料防水或卷材防水。必须在地面垫层或找平层已完成并干燥后施工，防水涂料通常涂刷 3 遍，必须上一遍固化后再进行下一遍施工，施工时应横竖交叉涂刷。所有防水施工流程必须按照防水施工方案严格施工管理（图 5-50、图 5-51）。

（4）蓄水试验

防水层固化干透后进行闭水试验，蓄水时间不少于 48h，试验蓄水深度为池边墙口下 50mm 左右，蓄水 48h 后水面高度无变化，楼下阴角处、管道口处均无漏水、渗水现象为检验合格

图 5-50　自粘型 SBS 防水卷材层

图 5-51　聚氨酯防水涂料层

（图 5-52）。

（5）防水保护层

防水层蓄水试验完成、验收合格后，为保护防水层不被破坏，在防水层表面覆盖 20mm 厚 M15 水泥砂浆保护层，以便于下道工序施工（图 5-53）。

（6）放线排版

图 5-52　蓄水试验

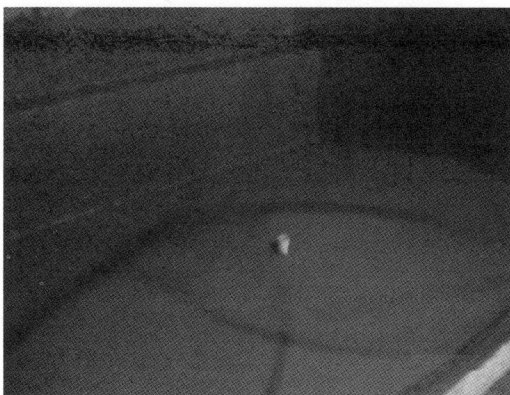

图 5-53　防水保护层

根据深化排版图以及标高线、控制线，对池底面和池壁墙面进行同步测量、排版、弹线，做相应标志块，设置铺贴控制通线。

相关施工工艺参照本章"（五）地面、墙（柱）面的石材湿（挂）贴"有关放线排版内容。

（7）粘结剂搅拌

参照本章"（五）地面、墙（柱）面的石材湿（挂）贴"有关粘结剂搅拌内容施工。

（8）铺贴石材

参照本章"（五）地面、墙（柱）面的石材湿（挂）贴"有关铺贴石材内容施工。

（9）养护—擦缝—打磨结晶—成品保护

参照本章"（五）地面、墙（柱）面的石材湿（挂）贴"有关养护—擦缝—打磨结晶—成品保护内容施工。

3. 质量通病预防

参照本章"（五）地面、墙（柱）面的石材湿（挂）贴"有关质量通病预防内容施工。

4. 成品保护

参照本章"（五）地面、墙（柱）面的石材湿（挂）贴"有关成品保护内容施工。

（八）独立完成卫生间所有镶贴全过程

卫生间墙地面一般常见的为玻化砖镶贴，卫生间墙面砖铺贴与本章"（六）地面、墙（柱）面的玻化砖湿贴"有关施工准备内容基本一致，不再赘述，本节主要介绍卫生间含有马桶、地漏等处排版和施工的地面施工工艺。

1. 施工准备

参照"（六）地面、墙（柱）面的玻化砖湿贴"有关施工准备内容。

2. 工艺流程

地砖铺贴工艺流程

基层处理—放线排版—清砖、背胶—粘结剂搅拌—铺贴地面砖—擦缝、清洁—成品保护。

（1）基层处理

参照"（六）地面、墙（柱）面的玻化砖湿贴"有关施工准备内容。

（2）放线排版

根据深化排版图以及标高线、控制线，对地面和墙面进行同步测量、排版、弹线。

1）将走道、客厅的基准线引入，作为定位卫生间门洞、门槛石的控制方正的基准线，为今后测量、复核门扇尺寸和安装门框都提供了极大的便利（图5-54）。

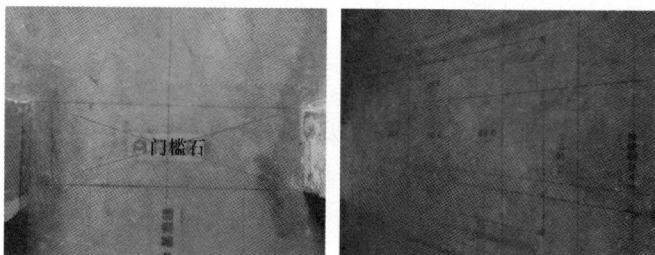

图 5-54　门洞、门槛石放线

为避免卫生间门框及门套线受潮，门槛石宜加宽 50mm（具体宽度根据门套线条厚度来定），把门框及门套线全部落在门槛石上面 3~5mm 处，和卫生间地面有落差，可以起到挡水、隔潮作用（图5-55）。

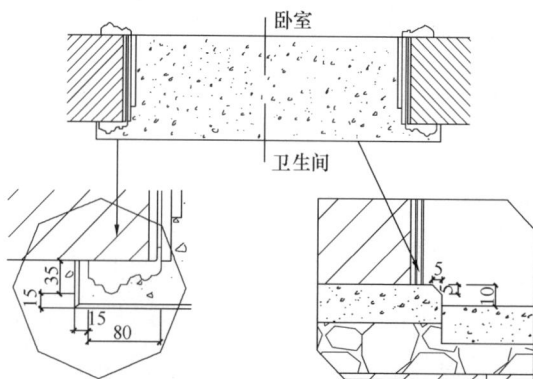

图 5-55　门槛石排版放线图

2）对马桶、地漏处结合墙地面瓷砖规格进行排版定位。为使卫生间墙地面美观，便于材料下单和施工，排版宜：对缝对中、四个墙面与地面互对，形成十字形状（或叫十字排版法）、末端点位相互融合（功能、美观）（图 5-56～图 5-58）。

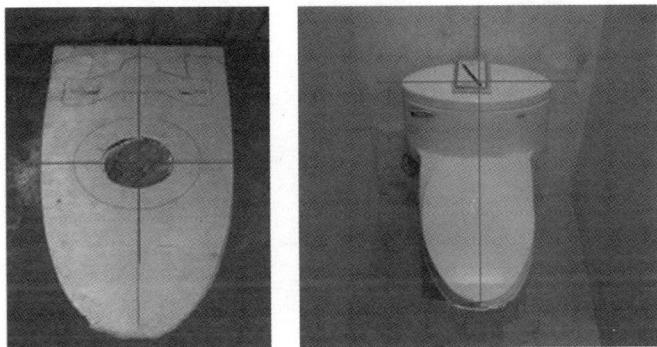

图 5-56 马桶对缝对中

图 5-57 地漏对缝对中

（3）清砖、背胶

参照"（六）地面、墙（柱）面的玻化砖湿贴"有关清砖、背胶施工内容。

（4）粘结剂搅拌

参照"（六）地面、墙（柱）面的玻化砖湿贴"有关粘结剂

图 5-58　墙地面砖对缝对中

搅拌施工操作内容。

（5）铺贴地面砖

参照"（六）地面、墙（柱）面的玻化砖湿贴"有关铺贴地面砖施工内容。

另外重点介绍地漏处地砖铺贴和淋浴房挡水条安装，以及卫生间门槛石（过门石）铺装，此三项的铺贴质量直接影响卫生间的防水渗漏和使用质量，施工中必须予以重视。

1）地漏施工不仅要按照对缝对中排版施工，还应严格按照泛水坡度、坡向施工，保证排水顺畅，卫生间内地面不积水（图5-59）。

2）淋浴房挡水条安装前，其挡水条 U 形下卡槽内的止水坎已施工、验收完毕，且符合防水要求，以阻挡淋浴房地面水通过地砖结合层渗透到其他区域。铺贴挡水石（条或砖条）及地砖不得损坏防水层（图 5-60）。

3）卫生间门槛石（也称过门石）需按照要求铺贴在涂刷过防水材料的止水坎上（图 5-61）。止水坎在防水施工前已与找平层同步施工，在此不做介绍。门槛石使用专用粘贴剂铺贴，以防空鼓和渗水到其他房间。

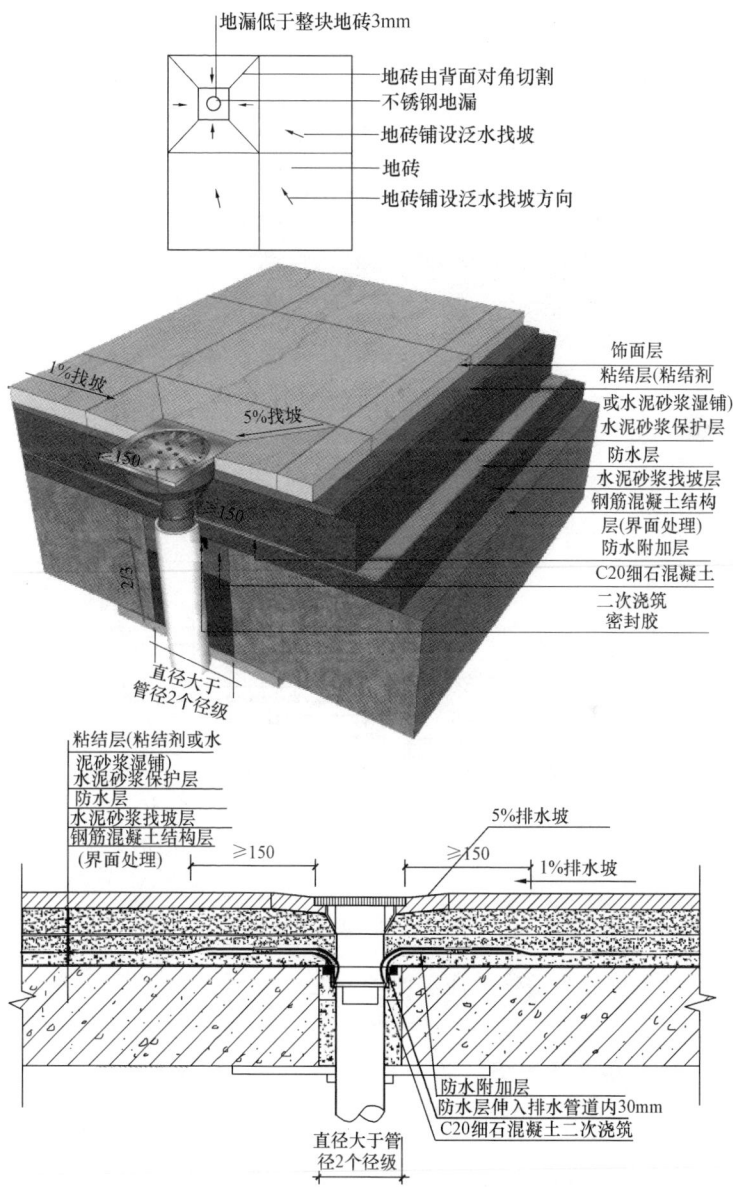

图 5-59　地漏铺装图

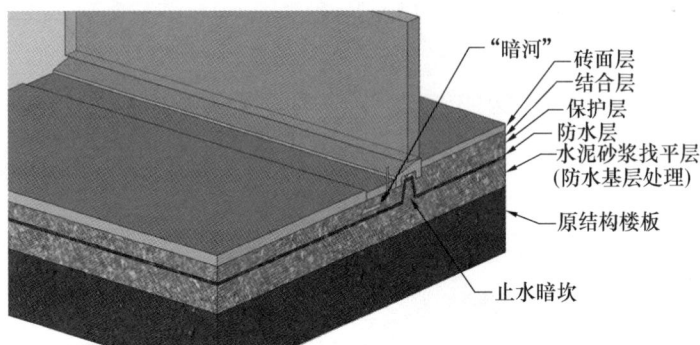

图 5-60　淋浴房门挡水条构造

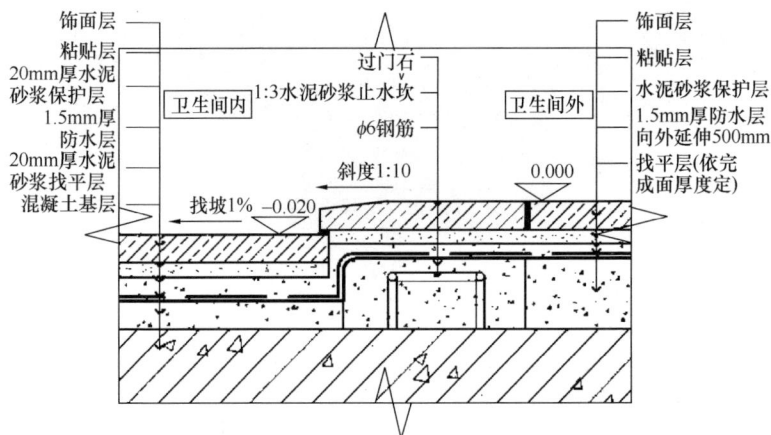

图 5-61　门槛石铺贴图

（6）擦缝、清洁—成品保护

参照"（六）地面、墙（柱）面的玻化砖湿贴"有关内容。

3. 质量通病预防

参照"（六）地面、墙（柱）面的玻化砖湿贴"有关内容。

4. 成品保护

参照"（六）地面、墙（柱）面的玻化砖湿贴"有关内容。

六、墙（柱）面干挂

本节主要介绍室内干挂墙、柱面石材板施工工艺。

1. 施工准备

参照"五、（二）楼梯饰面板块镶贴"施工准备内容。

需补充确认：

1）干挂石材、配件和基层钢材与封样一致，符合设计和有关标准要求。

2）结构胶等辅材符合设计与规范要求。

2. 工艺流程

基层处理—测量放线—基层安装—墙（柱）面石材安装—填缝（图 6-1）。

（1）基层处理

检查基层密实度和强度，观察基层是否有起皮、空鼓现象。将基层表面清理干净。检测垂直度和平整度，其误差不能大于10mm。对影响骨架安装的凸出部分应局部剔凿平整，凹陷部分用高一强度等级水泥砂浆找平。

（2）测量放线

按照确认的深化图纸，进行精准放线。根据弹出的墙面0.5m 或 1m 水平控制线，结合墙面石材分格图、墙柱校核实测尺寸以及饰面板的缝宽等，弹出膨胀螺栓位置线、龙骨位置线及石材分格位置线。竖向主龙骨由阳角端向阴角端方向弹；次龙骨随石材分格高度，水平线四周连通，保证接缝与窗洞的水平线连通。

（3）基层安装

按照完成确认的深化图纸和实际放线，进行基层制作安装、

石材(六面防护、表面结晶处理)
(具体型号参见立面)

∅5×50×50−100不锈钢干挂件

3×3V形缝

AB结构胶

∠50×5镀锌角钢

∠50×5镀锌角钢@600
(或矩形方管、槽钢)

∠50×5镀锌角钢

预埋250×150×8镀锌钢板

M8或M12膨胀螺栓(与拉
拔试验型号匹配)

建筑混凝土墙体

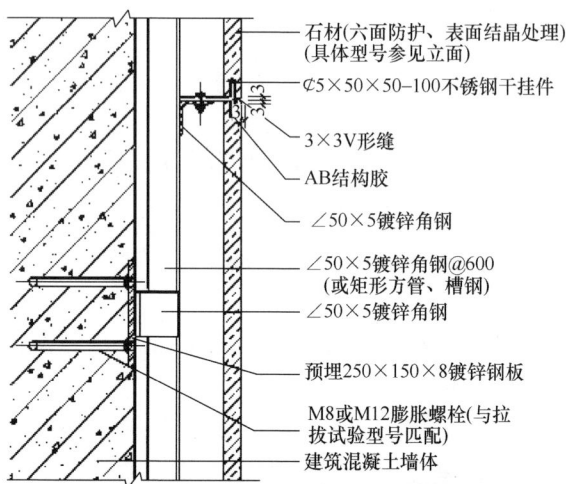

图 6-1　室内干挂石材板构造

钢架的焊接安装。基层应保证牢固可靠，满足面层安装的需求。
基层安装完成后，先自检合格再报监理及相关单位进行隐蔽验
收。钢架安装通常使用化学铆栓将角码或者热镀锌锚固件固定在
建筑的承重结构上；热镀锌槽钢或者角钢与角码或者锚固件连接
必须牢固（图 6-2）。

（4）墙（柱）面石材安装

1）墙面石材安装

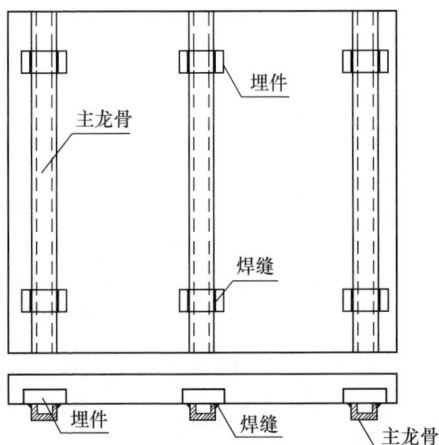

图 6-2 主龙骨与预埋钢板连接

① 石材开槽安装时，槽内用云石胶对不锈钢码片进行定位，然后用 AB 胶粘结加固。

② 石材开槽口后，石材正反面余留净厚度均不得小于 6mm。

③ 在槽内注满石材胶粘剂，安放就位后调不锈钢干挂件固定螺栓。

④ 石材安装时，一般由下向上逐层施工。

⑤ 石材干挂第一排时，应严格控制水平高度，确保与地面材料的准确连接。

⑥ 第一层石材安装时，底部应设置支架或者挂件支撑，并用红外线校准水平线，横平竖直。

⑦ 石材安装至最高一排时，应严格控制安装的牢固度，顶层的码片要使用挑码，可用胶在侧面进行补强。

⑧ 在安装门洞顶板/门窗套线条时应重点注意门框、窗套深化排版图尺寸，横向码片挑出不宜超过 30mm。

⑨ 避免离石材表面太近之处再施电焊，防止焊渣损坏石材。

2）柱面石材安装

① 钢架基层需在转角左右30cm处各设置一根立柱，接头处焊接固定牢固（图6-3）。

图6-3　墙柱面转角处钢架构造

② 石材柱面及阴阳角处必须保证方正、垂直，板块大小与墙地面协调、统一（图6-4）。

图6-4　墙柱面阴阳角方正、垂直

③ 大理石质地较疏松，且45°切边拼角极易崩边，应避免45°拼角，具体做法可参考图6-5。

（5）填缝

沿面板边缘贴防污条，应选用4cm左右的纸带型不干胶带，边沿要贴齐、贴严，在大理石板间的缝隙处嵌弹性泡沫填充（棒）条，填充（棒）条嵌好后离装修面5mm，最后在填充

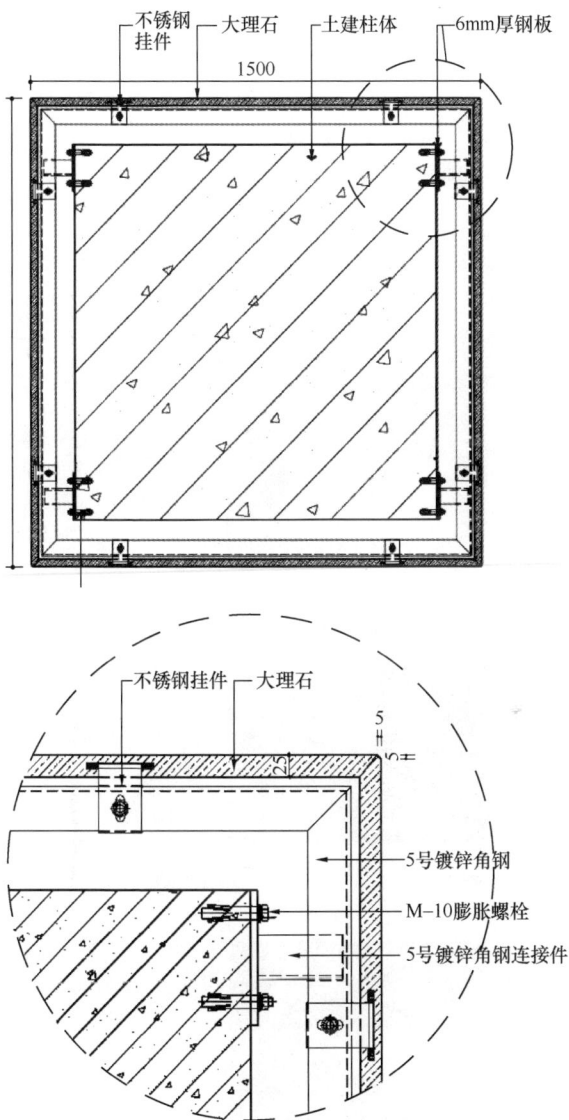

不锈钢挂件　大理石　土建柱体　6mm厚钢板

1500

不锈钢挂件　大理石

5号镀锌角钢

M-10膨胀螺栓

5号镀锌角钢连接件

图 6-5　石材柱节点构造

（棒）条外用嵌缝枪把中性硅胶打入缝内，打胶时用力要均匀，走枪要稳而慢。如胶面不太平顺，可用不锈钢小勺刮平，小勺要随用随擦干净，嵌底层石板缝时，应注意不要堵塞流水管。根据石板颜色可在胶中加适量矿物质颜料。

3. 质量通病预防

见表 6-1。

常见通病表 表 6-1

序号	质量通病	通病图片	预防措施
1	石材纹理明显对接不上		（1）根据设计下单选购或定制石材，出厂前石材应进行预排检查石材是否纹理通顺； （2）石材进场严格检查，预排石材并编号； （3）石材安装时按照预排编号顺序进行
2	石材拉槽板与收口时缝隙大		（1）施工前绘制收口处节点详图，对有收口问题部位进行调整； （2）石材饰面板严格按照深化设计图尺寸切割； （3）铺贴前进行预排，核对尺寸
3	石材切割边存在暴边现象		（1）石材饰面板尺寸加工尽量工厂化； （2）石材进场检查是否掉角、裂缝缺陷； （3）开槽距边缘距离为 1/4 边长且不小于 50mm，以防崩边； （4）石材饰面板安装就位后利用不锈钢干挂件的条形螺栓孔，调节石板的平整，拉线检验之后再打胶嵌固

序号	质量通病	通病图片	预防措施
4	干挂件粘结不牢固		（1）石材干挂施工中干挂件和石材的粘结剂采用 AB 胶，云石胶只能用作临时固定； （2）保证胶粘剂的凝固时间； （3）钢架基层挂件需加弹簧圈
5	石材在拼接处出现小黑洞		（1）设计时考虑阴角安装构造要求，安装时严格按设计图纸施工； （2）材料进场时严把质量关，施工过程中应注意小心搬运

4. 成品保护

（1）施工前必须采取保护措施（如铺垫、遮挡、贴覆保护膜）保护已完工的墙面（图 6-6）。

（2）施工过程中，不得因操作而损坏各种水电管线及预埋件。

（3）石材饰面干挂完成后，易破损部分的转角处要做护角保护（图 6-7）。

（4）施工中环氧胶未达到强度前要防止水冲、撞击和振动。

（5）拆除架子时注意不要碰撞墙面。

图 6-6　大面保护

图 6-7　阳角保护

七、相 关 技 能

（一）砌 体 砌 筑

1. 施工准备

（1）图纸准备

1）熟悉图纸，了解施工作业面。

2）接受图纸、技术安全等施工交底。

3）需确认

① 墙面砌体材质图中，砌块砖的规格、等级等标注完整无遗漏。

② 是经过现场放线、实测尺寸绘制并通过确认的深化排版图纸。

③ 圈（过）梁、构造柱等完成深化图并通过确认。

④ 砖与原建筑收口相关深化详细节点通过确认，施工节点详图（防水、与其他材质隔墙交界等）标注完整。

（2）材料准备

1）水泥、砂、石灰膏、水以及添加剂等必须符合规范及设计要求。

2）红砖、空心砖、砌块的品种、强度等级必须符合设计要求，并应规格一致。应在砌筑前1～2d浇水湿润（图7-1）。

3）砌筑砂浆的种类、标号、性能等符合设计和有关标准要求。

（3）机具准备

砌筑前，必须按照施工组织设计所确定的垂直运输机和机械设备方案组织进场和做好机械设备的安装，搭设好搅拌棚，安设

图 7-1　砖浇水

好搅拌机，同时准备好脚手工具和砌筑用的工具。如贮灰槽、铲刀、砍斧、皮数杆、托线板、大铲、刨锛、瓦刀、扁子、线坠、小白线、卷尺、铁水平尺、小水桶、砖夹子、扫帚等。见表7-1。

常用工机具列表 表 7-1

名称	照片	名称	照片
① 贮灰槽		③ 刨锛	
② 铲刀		④ 皮数杆	

名称	照片	名称	照片
⑤ 托灰板		⑩ 搅拌桶	
⑥ 线坠		⑪ 激光投线仪	
⑦ 2m靠尺		⑫ 墨线	
⑧ 水平尺		⑬ 瓦刀	
⑨ 钢卷尺		⑭ 砖夹子	

2. 工艺流程

（1）工序流程

抄平—放线—摆砖—立皮数杆—挂线—砂浆搅拌—砌砖—勾缝、清理。

（2）施工工艺及要点

1）抄平：砌墙前应在基础防潮层或楼面上定出各层标高，并用 M7.5 水泥砂浆或 C10 细石混凝土找平，使各段砖墙底部标高符合设计要求。

2）放线：墙体砌筑前必须在基层或柱表面、墙体外侧弹出建筑基准线（轴线），再根据墙体基准线（轴线）放样墙体外边线。并根据设计放出构造柱的位置和门窗洞口的位置。

3）摆砖：摆砖是指在放线的基面上按选定的组砌方式用干砖试摆。摆砖的目的是为了核对所放的墨线在门窗洞口、附墙垛等处是否符合砖的模数，以尽可能减少砍砖。

4）立皮数杆：皮数杆是指在其上画有每皮砖和砖缝厚度以及门窗洞口、过梁、楼板、梁底、预埋件等标高位置的一种木制标杆（图 7-2）。

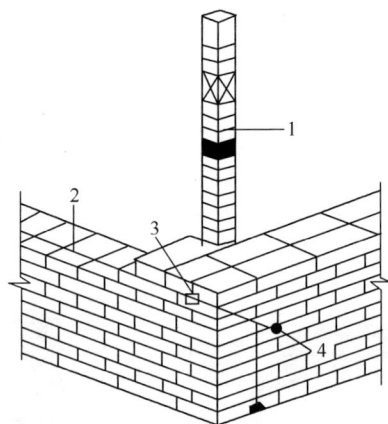

图 7-2　皮数杆示意

1—皮数杆；2—准线；3—竹片；4—圆铁钉

92

5）挂线：为保证砌体垂直平整，砌筑时必须挂线，一般二四墙可单面挂线，三七墙及以上的墙则应双面挂线，见图7-3、图7-4。

图 7-3　一砖墙一侧拉线

图 7-4　一砖半砖两侧拉

6）砂浆搅拌：砂浆配合比应采用重量比，计量精度水泥为±2％，砂、灰膏控制在±5％以内。应采用机械搅拌，搅拌时间水泥砂浆和水泥混合砂浆不少于120s。

7）砌砖：砌砖时砖要放平，砌砖一定要跟线，"上跟线，下跟棱，左右相邻要对平"。标准砖、多孔砖、小型混凝土砌块灰缝应控制10mm±2mm；加气混凝土砌块水平和竖向灰缝宜为15mm和20mm，用尺量10皮砖砌体高度折算。在操作过程中，要认真进行自检，如出现有偏差，应随时纠正。严禁事后砸墙。砌筑砂浆应随搅拌随使用，一般水泥砂浆必须在3h内用完，水泥混合砂浆必须在4h内用完，不得使用过夜砂浆。砌砖的操作方法很多，常用的是"三一"砌砖法和挤浆法。砌砖时，先挂上通线，按所排的干砖位置把第一皮砖砌好，然后盘角。盘角又称立头角，指在砌墙时先砌墙角，然后从墙角处拉准线，再按准线砌中间的墙。砌筑过程中应三皮一吊、五皮一靠，保证墙面垂直平整（图7-5）。

8）勾缝、清理：清水墙砌完后，要进行墙面修正及勾缝。墙面勾缝应横平竖直，深浅一致，搭接平整，不得有丢缝、开裂和粘结不牢等现象。砖墙勾缝宜采用凹缝或平缝，凹缝深度一般为4～5mm。勾缝完毕后，应进行墙面、柱面和落地灰的清理。

图 7-5　砌砖

3. 质量通病预防

（1）砂浆强度不稳定

1）现象：砂浆强度低于设计强度标准值，有时砂浆强度波动较大，匀质性差。

2）主要原因：材料计量不准确；砂浆中塑化材料等添加剂掺量过多；砂浆搅拌不均；砂浆使用时间超过规定；水泥分布不均匀等。

3）预防措施：

① 减少计量误差，对塑化材料（石灰膏等）宜调成标准稠度（120mm）进行称量。

② 砂浆采用机械搅拌，分两次投料，先加入部分砂子、水和全部塑化材料，拌匀后再投入其余砂子和全部水泥进行搅拌，保证搅拌均匀。

③ 砂浆应按需要搅拌，宜在当班用完。

（2）砖墙墙面游丁走缝

1）现象：墙面上下砖层之间竖缝产生错位，丁砖竖缝歪斜，宽窄不匀，丁不压中。

2）主要原因：砖的规格不统一，每块砖长、宽尺寸误差大，操作中未掌握控制砖缝的标准。开始砌墙摆砖时，没有考虑窗口位置对砖竖缝的影响，当砌至窗台处分窗口尺寸时，窗的边线不在竖缝位置上。

3）预防措施：

① 砌墙时用同一规格的砖，摆砖确定组砌方法，调整竖缝宽度。

② 摆砖时应将窗口位置引出，使窗的竖缝尽量与窗口边线相齐，如果窗口宽度不符合砖的模数，砌砖时要打好七分头，排匀立缝，保持窗间墙处上下竖缝不错位。

4. 成品保护

（1）墙体拉结筋、抗震构造柱钢筋、大模板混凝土墙体钢筋及各种预埋件，暖卫、电气管线等，均应注意保护，不得任意拆改或损坏。

（2）其他作业时，防止碰撞已砌好的砖墙。

（3）尚未安装楼板或屋面板的墙和柱，当可能遇到大风时，应采取临时支撑等措施，以保证施工中墙体的稳定性。

（4）如遇雨天及每天下班时，应做好防雨措施，以防雨水冲走砂浆，导致砌体倒塌。

（二）自流平施工操作

1. 施工准备

（1）施工材料准备

界面剂、自流平水泥。

（2）施工工具准备

1）水泥自流平地面施工准备机械工具：连续式专用砂浆搅拌机（或电动搅拌器、料桶、水桶）、洗地机、真空吸尘器、电动切割机。

2）水泥自流平地面施工准备检测工具：水准仪、流动度测试仪。

3）水泥自流平地面施工准备辅助机具：水管、电线电缆、照明灯、底涂辊刷、软刷、量水桶、无齿刮板、自流平专用刮板（细齿刮板）、消泡辊子、钉鞋、镘刀、抹子、铲刀等。

（3）施工人员配备

施工人员的配备应根据施工面积而定，一般应包括：机械工（自流平搅拌、地面打磨、真空吸尘器、电动切割机等）、瓦工（修补、找平）、辅助工（清扫、搬运、涂刷界面剂）、管理人员（现场管理、质量控制等）。

2. 工艺流程

基层清理—机械打磨—真空吸尘—基层修补—涂刷界面剂—弹线分段—封堵边界—自流平施工—养护—封闭剂涂刷—分缝形式—分项验收。

（1）基层清理

清理场内施工区域，清除松散、薄弱找平层，清扫干净场地。

（2）机械打磨

对基层采用专业地面喷砂机打磨，将地面薄弱表面（浮浆、松散的材料）清除，使地面形成粗糙表面，形成良好的粘结结合面。大型喷砂机未处理的部位必须用平推打磨机进行处理。打磨吸尘后再次确认地面裂缝及空鼓情况。

（3）真空吸尘

基层打磨后所产生的浮土，用大功率工业真空吸尘器吸干净，地面不能有影响粘结力的杂质及灰尘。

（4）基层修补

根据基层情况，记录位置，开裂、空鼓处需将地面局部切开，然后用专业工业自流平砂浆进行修补。

（5）涂刷界面剂

涂刷界面剂目的有四：一是对基层封闭，避免基层过多过快吸水，防止自流平砂浆过早丧失水分；二是增强地面基层与自流平砂浆层的粘结强度；三是防止气泡的产生；四是改善自流平材料的流动性。

界面剂需涂刷两遍，涂刷方法如下：

1）第一遍：将界面剂用水按规定的比例进行稀释，均匀涂刷到清理干净的地面上，约2h后干燥，约12h，再刷第二遍。

2）第二遍：将按规定比例稀释的界面剂均匀涂刷（辊涂均匀即可）到地面上，约3h后干燥。涂刷要均匀、不遗漏，不得让其形成局部积液。

（6）弹线、分段

按施工作业区段划分情况弹线，设置分段条。按照砂浆泵泵送能力，一般18m左右设置界格，用墨斗弹线，分段条一般应设在柱正中，然后将分隔的海绵条贴在弹好的墨线上。

（7）封堵边界

用海绵条封堵楼梯踏步、门口、排水口、边界、柱边等部位，施工前要仔细检查边角，确保可能泄露的部位已经严格封闭。对于变形缝处粘贴宽的海绵条，为防止错位，后面可用木方或方钢顶住。

（8）自流平施工

1）采用自流平砂浆泵搅拌、泵送施工的材料应提前运输进施工区域。砂浆泵区域必须进行地面保护。

2）将泵管移至作业面的一端，从左到右、从里往外水平缓慢均匀移动，严禁局部泵浆太多，影响最终找平效果。均匀摊铺材料（施工厚度5mm），用抹子辅助流平（图7-6）。

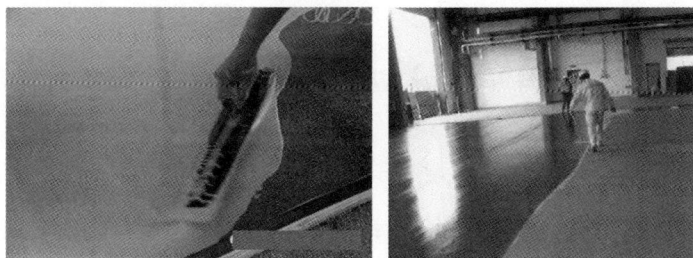

图7-6　用抹子辅助流平

在自流平砂浆流出约 500mm 宽砂浆自行流平后，用长杆钢刺滚筒耙在自流平砂浆表面轻缓地进行第一遍梳理，导出砂浆内部气泡，使其辅助流平、密实。在自流平砂浆流出约 1000mm 宽后，用长杆钢刺滚筒耙在自流平砂浆表面轻缓地进行第二遍梳理，使其表面密实（图 7-7）。

图 7-7　用滚筒消泡

不同施工区域交界缝处理：首先进行施工的区域 2h 后，将该区域边界海棉条撕下，用保护材料将四周粘贴牢固，防止相邻区域自流平施工时污染已完成区域自流平。当后施工区域处自流平施工做至交界缝处时，用刮板控制平整度。

（9）养护

施工完成后，对现场进行封闭，一般为 2d 可上人行走，7d 后可使用。

（10）封闭剂涂刷

采用水泥基自流平专业封闭剂涂刷表面，确保均匀。

（11）分缝形式

所有分隔缝应按设计设置，上部后切缝宜与基层混凝土的分仓缝保持一致。

（12）分项验收

待达到验收条件时，按照国家现行有关标准申请验收。

3. 质量标准

（1）自流平地面工程质量检验与验收应符合现行国家标准《建筑地面工程施工质量验收规范》GB 50209—2010 规定。

（2）自流平地面工程使用的材料和施工现场的室内空气质量应符合现行国家标准《民用建筑工程室内环境污染控制规范》GB 50325—2015 的规定。

4. 质量通病预防

（1）通病现象：水泥自流平地面出现起砂、起泡、开裂现象，形状各异，大小不一，影响观感和质量（图 7-8）。

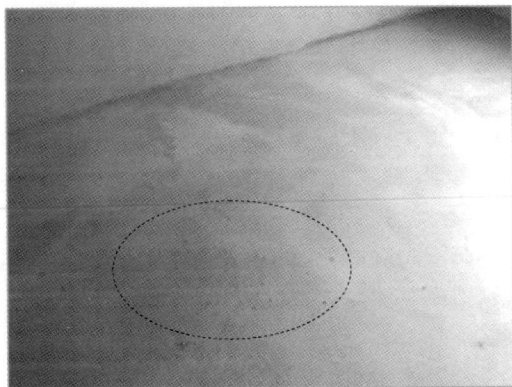

图 7-8　表面起砂、起泡

（2）产生原因分析：

1）使用的材料质量不合格，搅拌不均匀。

2）施工环境温度过高或过低。

3）基层情况较差，有起砂、开裂、浮灰、明水等。

4）基层界面剂处理时搅拌不均匀、涂刷厚薄不一，裂缝处未用低碱网格布加强。

5）水泥自流平厚度不足，引起开裂。

6）自流平未进行消泡处理。

（3）预防/解决措施：

1）使用的材料、界面剂、水等应符合要求。

2）施工环境温度应控制在 10～28℃。

3）确认基层符合要求，表面不能有浮灰及明水。

4）自流平水泥加水混合，根据各厂家要求使用量桶称量用水量，搅拌 3～5min。

5）自流平厚度应控制在 2mm 以上，每平方用量不低于 1.5kg。

6）自流平在地上刮抹之后 20min 内，用滚筒进行消泡处理，刮抹和消泡施工人员必须穿上钉鞋。

7）施工完成后要做好现场的封闭保护，房屋门窗应封闭，避免穿堂风，防止过快风干，引起开裂。

5. 成品保护

（1）自流平施工后表面硬化期间（24h）禁止人员进入。

（2）配料场地地面应用纸板或胶纸覆盖，以防地板材料污染地面。

（3）材料调配时应避免滴于地上，以防产生不干现象。

（4）清扫地面应用柔软扫帚或抹布水洗。

（三）塑胶地块镶贴

1. 施工准备

（1）材料准备

塑胶地板、配件、粘合剂、自流平材料、界面剂等材料已进场并经过验收。

（2）机具准备

卷尺、平尺（靠尺）、激光定位仪、自走式焊接机、塑料焊枪、月牙铲刀、导向轮开槽器及常用手工具等。

（3）现场准备

1）室内外温度在 5～35℃之间。

2）上道工序完成经验收合格，并办理隐蔽工程交接验收会签手续。

3）现场工作面已清理干净。

4）地面标高控制线已标示并确认。

5）施工前样板已完成，并经过设计、甲方、施工单位共同认定。

6）门框、竖向穿楼板管线以及预埋件已定位。

2. 工艺流程

基层处理—涂刷界面剂—自流平施工—自流平养护—地面放线—涂胶—铺贴—养护。

（1）～（4）基层处理—涂刷界面剂—自流平施工—自流平养护

参照本章"（二）自流平施工操作"相关内容施工。

（5）地面放线

通过中心点测出中心线，沿基准线弹出施工控制基准线网格。

（6）涂胶

沿基准线向铺贴塑胶地块范围里满涂地胶，黏度增强、干燥至不沾手即可铺贴。

（7）塑胶地块铺贴

自然粘贴，铺贴后以滚轮滚压，用橡胶锤砸实。铺贴块板时应注意花纹同向铺设。若铺贴过程中有地胶渗出，及时用湿布擦拭。略干时可用松香水和去渍油擦拭干净。无缝塑胶地板使用PVC焊条将其与地板接缝融合，焊接应采用自走式焊接机，墙角采用手焊接机施工。

塑胶地块与不同材料收口应按照设计要求，无设计图时可参考图 7-9、图 7-10。

（8）地板养护

基层与面层连接牢固，表面平整，拼缝密实，图案拼接流畅自然。采用水性腊，进行打蜡养护，打蜡过后 20min 即可干燥，干燥前不得在上面行走。一般新板面需连续打蜡三次以上。

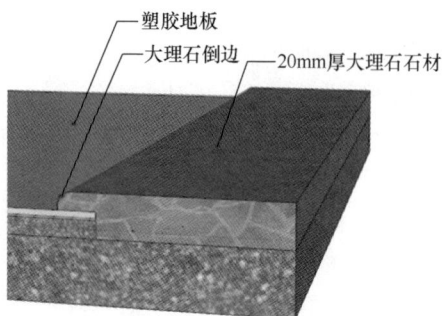

图 7-9　与大理石门槛石收口

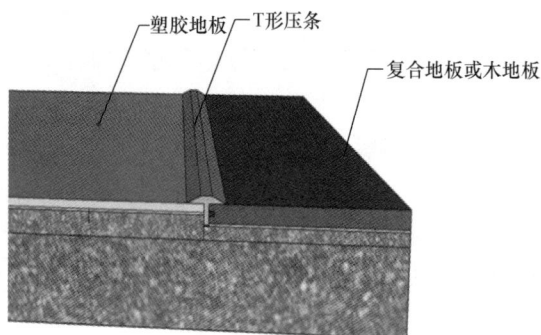

图 7-10　与木地板收口

3. 质量标准

（1）符合国家现行有关质量验收标准。

（2）面层与下一层的粘结牢固，不翘边、不胶胶、无溢胶。

（3）塑胶板面层应表面洁净，图案清晰，色泽一致，接缝严密、美观。拼缝处的图案、花纹吻合，无胶痕；与墙边贴合严密，阴阳角收边方正。

（4）板块的焊接，焊缝应平整、光洁，无焦化变色、斑点、焊瘤和起鳞等缺陷，其凹凸允许偏差为±0.6mm。焊缝的抗拉强度不得小于塑料板强度的75％。

（5）镶边用料应尺寸准确、边角整齐、拼缝严密、接缝顺直。

4. 质量通病预防

（1）铺贴塑胶地块的房间，相对湿度不能大于 80％，因为湿度过大会影响胶粘剂干固速度，塑胶地板会因外力作用产生偏移，影响装饰效果。

（2）施工过程中地面及塑胶地块面层溶剂必须完全挥发，否则容易引起地板起鼓、翘边等施工质量问题，粘贴施工温度最好在 5℃以上，湿度宜小于等于 50％。卷材粘贴时需注意粘贴次序，由中间向两边或由里面铺向门口，铺贴时避免用力推挤，待胶黏剂黏稠时自然粘贴，防止地板中间起鼓等现象。

5. 成品保护

（1）塑胶地块到现场后，施工前避免拆封，避免日晒及雨淋。

（2）施工时地面以及周边部位，需打扫保洁，防止带入砂石。

（3）所覆盖的隐蔽工程要有可靠保护措施，不得因铺设塑胶地块面层造成漏水、堵塞、破坏或降低等级。

（4）塑胶板面层完工后应进行遮拦，避免受侵害。

（5）后续工程在塑胶地块面层上施工时，必须进行遮盖、支垫，严禁直接在塑料板面上动火、焊接、和灰、调漆、支铁梯、搭脚手架等。

八、验　收

质量保证措施实施三阶段质量控制，即事前、事中、事后控制。事后质量控制以质量检查为主，项目部严格执行"三检"制度，即"自检、互检、交接检"。

（一）自　　检

自检是指分项工程工序施工过程和完成后对该工程产品的检查，必须强化施工过程中的自检力度，发现问题及时处理，将问题彻底解决在施工过程中。

（二）互　　检

各班组操作工对当天的实际工作量进行自检，达到优良标准后，再由所在班班长互检。凡班组每一工序完成后，由班组自检，对不合格处进行返工，自检合格后，方可进行下工序施工。各班组进行互检，对存在的问题要及时汇报、处理。专职检查、工地质检员要深入每道工序，严把每道质量关，做到不合格者不进行下工序施工，督促每一班组做好每一工序的质量。

（三）交　接　检

由施工单位技术负责人、专职质检员组织，由交接工序作业负责人、质检员检查参加，对已完成的工程产品质量检查验收，质量达标准要求的工序，填写工序交接单，完备交接手续，达不到质量标准要求的工序不能交接，必须采取措施进行处理。

九、机具设备使用和维护

（一）抹 灰 机 具

通常抹灰施工所用到的工机具主要有：砂浆搅拌机、铁制手推车等（表9-1）。

常用机具列表　　　　　　　　　　表 9-1

名称	照片	名称	照片
砂浆搅拌机		铁制手推车	

1. 操作安全

（1）施工前抹灰施工人员已接受机具、临电使用的安全、技术验收和交底，并接受监督管理。

（2）抹灰施工人员在施工前应对机具、临电配备情况、工作状况等进行例行检查。

（3）如工具、临电检查和操作过程中发现异常情况，严禁使用。

（4）工具、机具使用完毕后，及时清理干净。

2. 维护、保养

通过擦拭、清扫、润滑、调整等一般方法对设备进行护理，以维持和保护设备的性能和技术状况。

（1）严格执行岗位责任制，确保在用设备完好。

（2）未采取防范措施或未经审批超负荷使用设备，有权停止使用，发现设备运转不正常，超期不检修，安全装置不符合规定应立即上报，如不立即处理和采取相应措施，有权停止使用。

（3）操作人员，必须做好下列各项主要工作：

1）正确使用设备，严格遵守操作规程，启动前认真准备，启动中反复检查，结束后妥善处理，运行中搞好调整，认真执行操作指标，不允许超温、超压、超速、超负荷运行。

2）掌握设备故障的预防、判断和紧急处理措施，保持安全防护装置完整好用。

3）保持设备和环境清洁卫生。

（二）瓷砖挂贴机具

通常瓷砖挂贴所用到的工机具主要有：瓷砖切割机、锯齿刀、靠尺、搅拌器等（表9-2）。

常用机具列表　　　　　　　　　　　　　表 9-2

名称	照片	名称	照片
电动瓷砖切割机		手动瓷砖切割机	
瓷砖打孔器		锯齿抹泥刀	

名称	照片	名称	照片
搅拌器	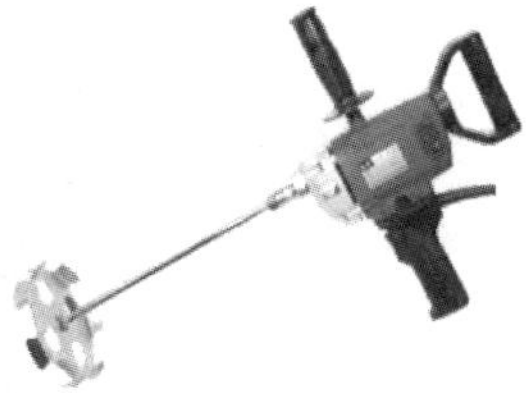	瓷砖找平器	
专业水平尺		激光投线仪	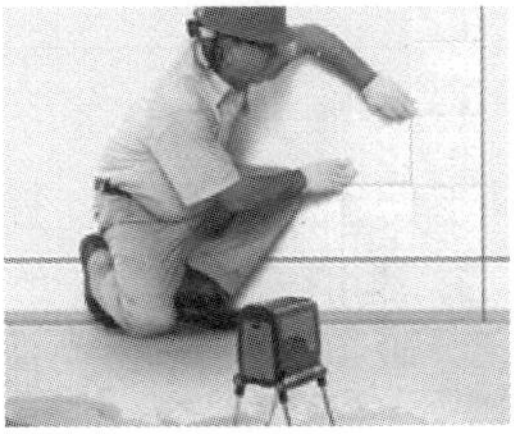

1. 操作安全

参照本章"（一）抹灰机具"操作安全内容执行。

2. 维护、保养

参照本章"（一）抹灰机具"维护、保养内容执行。

（三）石材挂贴机具

石材挂贴所用到的机具主要有：拌料桶、搅拌器、齿型刮板、电钻等（表9-3）。

常用机具列表　　　　　　　　　　表 9-3

名称	照片	名称	照片
拌料桶		搅拌器	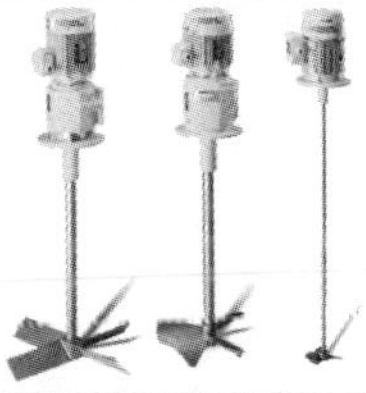

名称	照片	名称	照片
齿形刮板		电钻	

1. 操作安全

参照本章"（一）抹灰机具"操作安全内容执行。

2. 维护、保养

参照本章"（一）抹灰机具"维护、保养内容执行。

十、放线、检测工具

（一）水平尺、线锤、方尺的使用

1. 使用方法

（1）水平尺的使用方法

1）水平尺的用途：用于测量、检验水平面、垂直面及其他面的水平度、垂直度或其他倾角或坡度（图10-1）。

图 10-1　不同功能、用途的水平尺

2）水平尺的使用方法：水平尺在使用前先校对水平的精度，将水平尺放置在一基本水平面上，观察水平气泡的位置，然后将水平尺同水平调转180°，尽量确保水平尺放在同一位置上，接着再观看水平泡的位置，如两次气泡位置差不多，则水平尺合格，如两次气泡位置相差很多，则水平尺不合格，需要返修。校对好水平尺后，再用其检查施工面的水平度、垂直度、倾角或坡度。

（2）线锤的使用方法

线锤是检验物体垂直度的工具。现在线锤工具多数用在建筑工地。

1）木工、瓦工、管工一般用线锤吊线的方法，直接比对检验柱结构、管道及墙体的垂直度。

2）在直接吊线的基础上，还将线锤与木板平行线结合组成新的工具——吊担尺，用来直观地检验砌筑墙体、物体的垂直度。

3）工地上还用线锤的垂线给经纬仪定点定位。

（3）方尺的使用方法

方尺也称之为直角尺，适用于建筑工程的各个直角构配件、装饰面等阴阳角方正度检测。

检测时，将方尺打开，用两手持方尺紧贴被检阴阳角两个面，看其刻度指针所处状态。当处于"0"时，说明方正度为90°，即读数为"0"；当刻度指针向"0"的左边偏离时，说明角度大于90°；当刻度指针向"0"的右边偏离时，说明角度小于90°，偏离几个格，就是误差几毫米。（如图10-2中，该尺左右各设有 7mm 的刻度，对于普通抹灰工程而言，允许偏差为4mm，若超过 6mm，即超过 1.5 倍时，不仅是不合格，而且还需返修）。

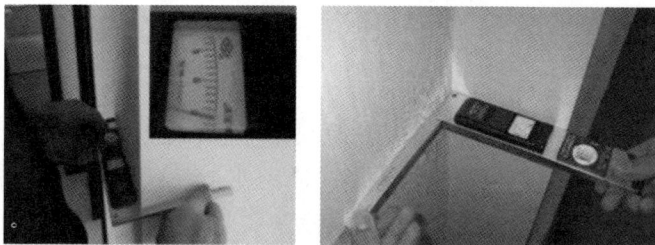

图 10-2　检测部位操作示范图

2. 维护保养事项

（1）工具应存放在干燥的地方。

（2）应定期校准仪器。

（3）不可用强力洗涤剂或化学品来清洁仪器。可以用水或水加少量肥皂来清洁仪器。

（4）应用软布擦拭工具。

（5）应确保在手册说明的维修范围内。

（6）不可未经允许私自维修仪器。

（二）红外线水准仪使用维护

1. 使用方法

（1）将仪器放在无振动的地面或三脚架上（图 10-3）。

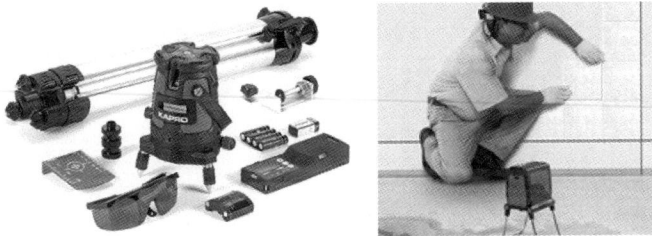

图 10-3　放置仪器

（2）调稳仪器的脚螺栓或三脚架的脚。

（3）打开仪器的安全锁，仪器投射出十字激光线，操作面板的圆水泡绿灯将亮起。

（4）按相应的水平或垂直按键，输出所需要的激光线。

（5）使用全微动手轮转动仪器使垂线对准目标位置。

（6）调节脚架的高度，可以使水平线升高或降低。

（7）当激光线看不见时，可以按下 P 键，配合探测器使用。

（8）移动仪器前，请确认安全锁已关。

（9）当需要打斜线时，锁住摆体，长按 M 键开机，此时仪器处于手动安平状态，可以手动调整激光线的角度。手动安平状态下，激光线每 3s 闪一次。

2. 维护保养事项

（1）仪器应存放在防水、干燥的地方。

（2）移动仪器前，请确保安全锁关上。

（3）防止仪器跌落，不可对仪器进行私自维修，避免持续振动仪器。

（4）应定期校准仪器。

（5）应用软布擦拭玻璃窗口，保持窗口的清洁。

（6）长时间不使用仪器时，应将电池取下。

（7）应确保在手册说明的维修范围内。

（8）不可未经允许私自维修仪器。

习　　题

一、图 纸 识 读

（一）判断题

1.〔初级〕吊顶平面图可只绘制综合吊顶平面图。

【答案】错误

【解析】吊顶平面图可分为：吊顶尺寸平面图、灯具布置平面图、顶棚综合平面图等。若图纸的信息量不大，也可只绘制综合吊顶平面图。

2.〔中级〕排版图纸的展现方法为交叉排版法。

【答案】错误

【解析】排版图纸的展现方法——十字排版法。

3.〔初级〕工艺节点不在于"按图施工"，而在于"随机应变"。

【答案】正确

4.〔初级〕电气设备布置图包含配电箱、电气开关插座布置的图纸。

【答案】正确

（二）单选题

1.〔初级〕建筑图样类别通常有平面图、立面图、剖面图、（　　）和三维图形。

A. 节点详图　　　　　　　B. 轴侧图

C. 吊顶平面图　　　　　　D. 家具平面图

【答案】A

【解析】建筑图样类别通常有平面图、立面图、剖面图、节点详图和三维图形。

2. ［初级］必须综合装饰及各专业单位的图纸，需要具备相关的专业基础知识绘制的图纸是(　　)。

A. 综合平面图　　　　　　B. 综合顶面图

C. 综合地坪图　　　　　　D. 综合机电图

【答案】B

【解析】综合顶面图，必须综合装饰及各专业的图纸，需要具备相关的专业基础知识。

3. ［中级］图纸深化时，绘制综合天花布置图不包含(　　)专业。

A. 通风空调　　　　　　　B. 弱点

C. 电梯　　　　　　　　　D. 消防

【答案】C

【解析】吊顶平面图不含电梯专业图纸。

4. ［初级］装饰地面镶贴施工中使用的图纸主要是(　　)。

A. 立面图　　　　　　　　B. 设备图

C. 节点图　　　　　　　　D. 平面图

【答案】D

【解析】地面镶贴即看地面装饰平面图。

5. ［中级］如图所示节点图，图中图例 表示(　　)。

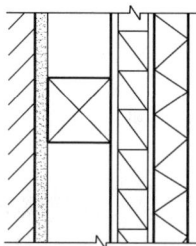

A. 胶合板　　　　　　　　B. 木工板

C. 密度板　　　　　　　　D. 多层板

【答案】B

【解析】《房屋建筑室内装饰装修制图标准》JGJ/T 244—2011 规定。

6.［初级］建筑装饰室内设计立面方案图中，应标注（　　）。

A. 立面范围内的轴线和轴线编号，以及所有轴线间的尺寸

B. 立面主要装饰装修材料和部品部件的名称

C. 明确各立面上装修材料及部品、饰品的种类、名称、拼接图案、不同材料的分界线

D. 楼梯的上下方向

【答案】B

【解析】还需进一步明确各立面上装修材料及部品、饰品的种类、名称等。

7.［中级］陶瓷地砖要取得好的视觉效果，设计无要求时，一般采用（　　）。

A. 对称排版

B. 非对称排版

C. 任意排版

D. 异形排版

【答案】A

【解析】设计无要求时，一般采用对称排版法。

8.［中级］在识读室内装饰工程施工图时，施工人员从（　　）能看出室内吊顶迭级造型及构造做法。

A. 平面图＋立面图

B. 剖面图＋平面图

C. 剖面图＋立面图

D. 立面详图

【答案】C

【解析】施工图识读的方法与要求。

（三）多选题

1.［中级］关于楼地面铺装图中地面标高表示的说法，正确

的有( )。

A. 地面各部分标高是相对本层主要地面的标高

B. 地面标高单位用"米"表示

C. 比主要地面低的数字前加"负号"表示

D. 比主要地面高的用数字表示

E. 数字小数点后保留两位

【答案】ABCD

【解析】规范《房屋建筑室内装饰装修制图标准》JGJ/T 244—2011 规定。

2. [中级]室内装饰工程施工图纸包括( )。

A. 平面布置图

B. 立面装饰图

C. 顶棚装饰构造图

D. 水电系统图

E. 装饰详图

【答案】ABCE

【解析】图纸的组成内容。

3. [中级]节点图应标明物体、构件或细部构造处的形状、构造、支撑或连接关系,并应( )。

A. 标注该节点附近相关装饰材料的名称

B. 根据需要标注施工做法

C. 定位尺寸及标高

D. 细部尺寸关系

E. 根据需要标注具体技术要求

【答案】ABDE

【解析】节点图(详图)的基本要求是:应标明物体、构件或细部构造处的形状、构造、支撑或连接关系,并标注材料名称、具体技术要求、施工做法以及细部尺寸。

(四)案例题

室内装修立面图如下图所示,尺寸标注以立面图为准。

根据背景资料，回答以下问题。

1. 判断题

（1）［中级］节点图圆圈内下部"—"表示节点图和被索引的立面图在同一张图纸上。

【答案】正确

（2）［中级］7节点图的看视方向向上，6节点图看视方向向右。

【答案】错误

【解析】7节点图看视线在上方，表示向上看，6节点图没有表示看视方向。

2. 单选题

（1）［初级］图中踢脚线高度是（　　）。

A. 120   B. 140

C. 160   D. 150

【答案】D

【解析】图纸标注。

（2）［中级］完成25mm厚、150mm宽意大利木纹石造型需要的长度（不考虑损耗）是（　　）m。

A. 8.7 　　　　　B. 8.4

C. 8.1 　　　　　D. 8

【答案】A

【解析】$2.7 \times 2 + 3.3 = 8.7m$

3. 多选题

[中级] 关于该立面图标注内容的说法，正确的有(　　)。

A. 没有标明成品木饰面板的材质和厚度

B. 没有标明踢脚线石材的厚度

C. 6 剖切节点图剖视方向向右

D. 板块分格尺寸未标注

E. 立面标高未标注

【答案】ABDE

【解析】规范要求。

二、房 屋 构 造

(一) 判断题

1. [中级] 民用建筑根据其组成结构的不同，可以分为地基与基础工程、主体结构工程、建筑屋面工程、建筑装饰装修工程和室外建筑工程等。

【答案】正确

2. [中级] 楼梯、栏杆是主体结构的主要结构部分。

【答案】正确

(二) 单选题

1. [中级] 除住宅建筑之外的民用建筑高度不大于(　　)者为单层和多层建筑。

A. 20m 　　　　　B. 22m

C. 24m 　　　　　D. 28m

【答案】C

【解析】除住宅建筑之外的民用建筑高度不大于 24m 者为单层和多层建筑，大于 24m 者为高层建筑（不包括建筑高度大于

24m 的单层公共建筑）。

2. 〔中级〕建筑高度大于(　　)的民用建筑为超高层建筑。

A. 100m   B. 150m

C. 200m   D. 300m

【答案】A

【解析】建筑高度大于 100m 的民用建筑为超高层建筑。

（三）多选题

〔中级〕建筑屋面工程包括(　　)。

A. 檐口   B. 挑檐

C. 女儿墙   D. 天沟

E. 雨棚

【答案】ABCD

【解析】建筑屋面工程包括檐口、挑檐、女儿墙、天沟。

三、材　　料

（一）判断题

1. 〔初级〕通用硅酸盐水泥是以硅酸盐水泥熟料和适量的石膏，及规定的混合材料制成的水硬性胶凝材料。

【答案】正确

2. 〔中级〕硅酸盐水泥初凝时间不小于 45min，终凝时间不大于 600min。

【答案】错误

【解析】硅酸盐水泥初凝时间不小于 45min，终凝时间不大于 390min。

3. 〔初级〕瓷砖粘结剂粘结力较之水泥的粘结力增加两倍以上。

【答案】正确

4. 〔初级〕天然大理石一般呈碱性，故天然大理石多用于室内装饰，如用在室外则可能受酸雨侵蚀而较快风化失去光泽、剥落甚至碎裂。

【答案】正确

5.［中级］天然花岗石原材料中不含对人体有害的放射性元素，所以可直接用于室内装饰。

【答案】错误

【解析】部分天然花岗石含有放射性元素，用于室内装饰时应进行放射性核素限量检测。

（二）单选题

1.［初级］建筑装饰装修工程中常用的水泥一般为（　　）。

A. 通用硅酸盐水泥　　　　B. 铝酸盐水泥

C. 矿渣硅酸盐水泥　　　　D. 复合硅酸盐水泥

【答案】A

【解析】建筑装饰装修工程中常用的水泥一般为通用硅酸盐水泥。

2.［初级］水泥可以散装或袋装，袋装水泥每袋净含量为（　　），且应不少于标志质量的99%。

A. 25kg　　　　　　　　　B. 30kg

C. 50kg　　　　　　　　　D. 100kg

【答案】C

【解析】水泥可以散装或袋装，袋装水泥每袋净含量为50kg，且应不少于标志质量的99%。

3.［中级］下列人造石材中，属于水泥型人造石材的是（　　）。

A. 水磨石　　　　　　　　B. 人造大理石

C. 人造花岗岩　　　　　　D. 微晶玻璃

【答案】A

【解析】水磨石和各类花阶砖属于水泥型人造石材。

4.［初级］水泥出厂超过（　　）个月时，应进行复验，并按复验结果使用。

A. 一个月　　　　　　　　B. 二个月

C. 三个月　　　　　　　　D. 四个月

【答案】C

【解析】水泥出厂超过三个月时，应进行复验，并按复验结果使用。

5. ［中级］水泥强度等级按(　　)d 和(　　)d 龄期的抗压强度和抗折强度来划分。

A. 3；7　　　　　　　　B. 3；14

C. 7；14　　　　　　　D. 3；28

【答案】D

【解析】水泥强度等级按 3d 和 28d 龄期的抗压强度和抗折强度来划分。

6. ［中级］无机凝胶材料按硬化条件的不同分为气硬性和水硬性凝胶材料两大类，水硬性凝胶材料既能在空气中硬化，又能很好地在水中硬化，保持并继续发展其强度，如(　　)。

A. 石灰　　　　　　　　B. 石膏

C. 各种水泥　　　　　　D. 水玻璃

【答案】C

【解析】各种水泥既能在空气中硬化，又能在水中硬化，保持并继续发展其强度。

7. ［初级］目前我国建筑室内装饰装修工程中采用的主要装饰石材是(　　)。

A. 人造石　　　　　　　B. 石英石

C. 花岗石　　　　　　　D. 大理石

【答案】D

【解析】天然大理石是目前我国建筑装饰工程中采用的主要装饰石材。

8. ［中级］下列哪一项不属于玻化砖的特点(　　)。

A. 密实度好　　　　　　B. 吸水率低

C. 强度高　　　　　　　D. 耐磨性一般

【答案】D

【解析】玻化砖的密实度好，吸水率低，强度高、抗酸碱腐蚀性强和耐磨性好。

（三）多选题

1.［中级］根据混合材料的品种和掺量的不同，通用硅酸盐水泥可以分为（　　）和复合硅酸盐水泥等。

A. 硅酸盐水泥　　　　　　B. 普通硅酸盐水泥

C. 矿渣硅酸盐水泥　　　　D. 火山灰质硅酸盐水泥

E. 粉煤灰硅酸盐水泥

【答案】ABCDE

【解析】根据混合材料的品种和掺量的不同，通用硅酸盐水泥可以分为硅酸盐水泥、普通硅酸盐水泥、矿渣硅酸盐水泥、火山灰质硅酸盐水泥、粉煤灰硅酸盐水泥、复合硅酸盐水泥六种。

2.［中级］根据所用原材料和制造工艺不同，下列人造石材中，属于树脂型人造石材的有（　　）。

A. 人造大理石　　　　　　B. 水磨石

C. 人造花岗岩　　　　　　D. 微晶玻璃

E. 各类花阶砖

【答案】ACE

【解析】选项 B、E 水磨石和各类花阶砖属于水泥型人造石材。

3.［中级］石材粘结剂的优点有（　　）。

A. 优异的耐久性和良好的和易性

B. 优良的耐水性和耐候性

C. 施工时不会产生下坠现象，方便施工人员操作

D. 施工方法简单，无需挂件等辅料、无需打孔、固定等工序

E. 可薄层粘贴，可极大减轻建筑物自重，大大提高工效，减少人工投入

【答案】ADE

【解析】石材粘结剂存在的优点：施工方法简单，无需挂件

等辅料、无需打孔、固定等工序；可薄层粘贴，可极大减轻建筑物自重，大大提高工效，减少人工投入；优异的耐久性和良好的和易性。

4. ［中级］人造石材就所用胶凝材料和生产工艺的不同分为（   ）等。

A. 水泥型人造石　　　　　B. 树脂型人造石

C. 复合型人造石　　　　　D. 烧结型人造石

E. 瓷砖

【答案】ABCD

【解析】根据粘结材料的不同可分为水泥型人造石、树脂型人造石、复合型人造石、烧结型人造石等。

（四）案例题

某小区精装修工程中涉及抹灰和线条安装施工，抹灰工程中选用水泥砂浆；线条镶贴的基层中包括水泥粉刷、水泥压力板、石膏板等各种类型的墙体，且工期较紧。

根据背景资料，回答以下问题。

1. 判断题

（1）［初级］大面积抹灰使用水泥，应对水泥的凝结时间、安定性稳定性及抗压性进行复检。

【答案】正确

（2）［中级］在抹灰基层施工中，为缩短工期可采用石膏砂浆喷涂取代水泥砂浆人工抹灰。

【答案】正确

2. 单选题

（1）［中级］关于外墙抹灰做法，错误的是（   ）。

A. 当抹灰层需具有防水、防潮功能时，应采用防水砂浆

B. 用于外墙的抹灰砂浆宜掺加纤维等抗裂材料

C. 先弹线分格再抹灰

D. 水泥基抹灰砂浆凝结硬化后，应养护不少于 3d

【答案】D

（2）[中级] 在抹灰工程中，关于室内墙面、柱面和门洞口的阳角护角做法，错误的是(   )。

A. 一般采用 1∶2 水泥砂浆做暗护角

B. 采用钢丝网加固，每侧不应小于 100mm

C. 护角高度不应低于 2m

D. 每侧宽度不应小于 50mm

【答案】B

3. 多选题

[高级] 装饰线条按材料分主要有(   )

A. 木装饰线

B. 阴阳角装饰线

C. 塑料装饰线

D. 石膏装饰线

E. 金属装饰线

【答案】ACDE

四、基层抹灰

（一）判断题

1. [初级] 在抹灰工程施工前，必须对结构工程进行验收。

【答案】正确

2. [初级] 内外墙抹灰层在凝结硬化前，应防止水冲、撞击、挤压，以保证足够强度，不发生空壳裂纹现象。

【答案】正确

3. [初级] 抹灰墙面在达到强度之前养护时间不得少于 3d。

【答案】错误

【解析】不得少于 7d。

4. [中级] 墙面底中层抹灰中砂应采用细砂，砂的含泥量不超过 5%，有杂物的砂不能用于抹灰工程。

【答案】错误

【解析】应采用过筛中砂，砂的含泥量不超过 3%。

（二）单选题

1.〔初级〕抹灰所用的砂应过筛，（　　）含有杂物。

A. 不应　　　　　　　　　B. 不宜

C. 不得　　　　　　　　　D. 可以

【答案】A

【解析】抹灰所用的砂应过筛，不应含有杂物。

2.〔中级〕不可用于抹灰的用水是（　　）。

A. 自来水　　　　　　　　B. 河水

C. 井水　　　　　　　　　D. 海水

【答案】D

【解析】不允许使用工业废水、污水、海水搅拌砂浆。

3.〔高级〕大面积抹灰宜使用成品砂浆，符合（　　）施工要求。

A. 安全　　　　　　　　　B. 文明

C. 绿色　　　　　　　　　D. 进度

【答案】C

【解析】大面积抹灰宜使用成品砂浆，符合绿色施工要求。

4.〔中级〕墙面底中层抹灰工艺流程中抹底层、中层、面层灰之前的一个步骤应是（　　）。

A. 图纸技术交底　　　　　B. 墙、顶、地弹完成面

C. 基层处理　　　　　　　D. 灰饼、充筋、护角

【答案】D

【解析】墙面底中层抹灰工艺流程为图纸技术交底，墙、顶、地弹完成面，基层处理，灰饼、充筋、护角，抹底层、中层、面层灰，最后是养护。

5.〔高级〕顶棚抹灰必须在（　　）完成后方可进行。

A. 顶面　　　　　　　　　B. 上层楼地面

C. 墙面　　　　　　　　　D. 地面

【答案】B

【解析】顶棚抹灰必须在上层楼地面完成后方可进行。

6. ［中级］下列关于水泥砂浆抹灰施工操作要点的说法，错误的是(　　)。

A. 水泥应颜色一致，宜采用同一批号的水泥，严禁不同品种的水泥混用

B. 砂子宜采用细砂，颗粒要求坚硬洁净，不得含有黏土或有机物等有害物质

C. 抹灰前应检查门窗的位置是否正确，连接处和缝隙应用 M15 水泥砂浆分层嵌塞密实

D. 抹灰时，用 M15 水泥砂浆做成边长为 50mm 的方形灰饼

【答案】B

【解析】应采用过筛中砂，砂的含泥量不超过 3%，有杂物的砂不能用于抹灰工程。

7. ［中级］下列抹灰施工流程正确的是(　　)。

A. 基层处理—做灰饼—弹线、找规矩—做标筋—抹门窗护角—抹底灰—抹中层灰—抹面层灰

B. 基层处理—弹线、找规矩—做灰饼—做标筋—抹门窗护角—抹底灰—抹中层灰—抹面层灰

C. 基层处理—弹线、找规矩—做标筋—做灰饼—抹门窗护角—抹底灰—抹中层灰—抹面层灰

D. 基层处理—做灰饼—做标筋—弹线、找规矩—抹门窗护角—抹底灰—抹中层灰—抹面层灰

【答案】B

【解析】墙面底中层抹灰工艺流程：图纸技术交底—墙、顶、地弹完成面—基层处理—灰饼、充筋、护角—抹底层、中层、面层灰—养护。

8. ［中级］墙面抹灰灰饼一般规格为(　　)。

A. 2cm 左右见方　　　　　　B. 3cm 左右见方

C. 5cm 左右见方　　　　　　D. 10cm 左右见方

【答案】C

【解析】灰饼采用 1∶3 砂浆水泥制作，大小约 40mm×40mm。

9. ［中级］抹灰厚度超过（   ）应采取加强措施。

A. 8mm   B. 25mm

C. 35mm   D. 50mm

【答案】C

【解析】抹灰总厚度大于等于 35mm 时，应增加加强网。

（三）多选题

1. ［初级］梁柱面抹灰的成品保护包括（   ）。

A. 不得在墙面上写画

B. 抹灰墙面在达到强度之前每天不少于三遍洒水养护

C. 安装石膏板应牢固、相互连接严密

D. 已完成水电、装饰装修面不允许污染破坏

E. 完成的房间和区域，安排专人巡查和保护，避免人为损坏抹灰面

【答案】ABCD

【解析】梁柱面抹灰的成品保护要求。

2. ［中级］抹圆柱的自检十分重要，应在各道工序中随时检查柱面的（   ）是否满足质量标准。水泥砂浆一经干硬，便难以修复。

A. 水平度   B. 垂直度

C. 平直度   D. 光滑度

E. 圆弧

【答案】BCE

【解析】应在各道工序中随时检查柱面的垂直度、平直度以及圆弧是否满足质量标准。

（四）案例题

1. 某项目进行墙面抹灰、涂饰施工。现由于各种原因，项目年前需要完成施工并交付验收，需要抢工作业。原计划工期为，抹灰施工 10d，抹灰后间隔 10d，涂饰施工 12d。项目部原方案为，增加抹灰工 5 人，涂饰工人 5 人，可使抹灰和涂饰施工时间各减少 3d。但考虑到年前抹灰工人工资从原来的 200 元/d

上涨到了 300 元/d，涂饰工人从原来的 180 元/d 上涨到了 250 元/d，故项目部从节省成本考虑，将抹灰后的间隔时间缩短到 4d 以保证工期顺利完成。试回答以下问题：

（1）判断题

1）［初级］抹灰的基本材料包括水泥、砂、石灰膏、胶粘剂、纸筋石灰、麻刀石灰、水。

【答案】正确

2）［初级］抹灰面阴阳角处用方尺套方，做到墙面垂直、平顺、阴阳角方正。

【答案】正确

（2）单选题

1）［初级］冬期施工抹灰温度不宜低于（　　）℃。

A. －5　　　　　　　　　B. 0

C. 5　　　　　　　　　　D. 10

【答案】C

2）［高级］该项目施工中优先考虑的加快进度的方案是（　　）。

A. 增加 3 名抹灰工

B. 增加 3 名涂饰工

C. 将抹灰后的间隔缩短为 4d

D. 取消抹灰后的间隔时间

【答案】B

（3）多选题

［中级］以下属于墙面底中层抹灰工艺流程步骤的有（　　　）。

A. 基层处理

B. 抹底层、中层、面层灰

C. 养护

D. 墙、顶、地弹完成面

E. 灰饼、充筋、护角

【答案】ABCDE

2. 某住宅楼为 6 层砌体结构，建筑面积 1200m²，现需进行抹灰施工。某施工企业承揽该工程抹灰施工。试回答如下问题：

（1）判断题

1）［初级］砌筑施工完成后，应立即进行抹灰作业，以免砖面干燥影响砂浆附着力。

【答案】错误

2）［初级］抹灰时，混凝土表面的轻微麻面的修补处理选用 1∶1 水泥砂浆。

【答案】错误

（2）单选题

1）［高级］现某抹灰班 13 名工人，抹白灰砂浆墙面，施工 25d 完成抹灰任务，个人产量定额为 $10.2m^2$/工日，则该抹灰班应完成的抹灰面积为（　　）。

A. $255m^2$　　　　　　　　B. $19.6m^2$

C. $3315m^2$　　　　　　　　D. $133m^2$

【答案】C

2）［中级］混凝土与轻质砌块体交界处加钉加强网，加强网与各基体的搭接宽度不应小于（　　）mm。

A. 30　　　　　　　　　　B. 50

C. 80　　　　　　　　　　D. 100

【答案】D

（3）多选题

［初级］下列关于抹灰工程施工的说法，正确的有（　　）。

A. 当抹灰总厚度大于或等于 35mm 时，应采取加强措施

B. 不同材料基体交界处表面的抹灰，应采取防止开裂的加强措施

C. 抹灰施工用的水泥必须进行凝结时间、安定性、烧失量的复验

D. 高级抹灰表面平整度允许偏差不应大于 4mm

E. 室内墙面阳角应采用 M15 水泥砂浆做暗护角，其高度不应低于 1.5mm

【答案】AB

五、饰面板块镶（挂）贴

（一）判断题

1. ［中级］陶瓷锦砖镶贴施工前应编制好施工方案，重点掌握施工中需要注意的事项，包括技术要点、质量要求、安全文明施工、成品保护等。

【答案】正确

2. ［中级］陶瓷锦砖大面积施工前应先做样板，样板完成后，还要经过设计、甲方、施工单位共同认定，方可按样板要求施工。

【答案】正确

3. ［中级］楼梯石材铺贴时可分段分区依次铺设，一般先铺设平台，再铺贴踏步，最后铺设踢脚板直至收尾。

【答案】错误

【解析】楼梯石材一般先铺设踏步，再铺贴平台。

4. ［中级］石材板细长而出现断裂，在石材背面需要进行粘结剂加固处理。

【答案】错误

【解析】石材板细长而出现断裂，在石材背面需要进行覆筋、背网等加固处理。

（二）单选题

1. ［中级］（   ）在施工前应对机具、临电配备情况、工作状况等进行例行检查。

A. 安全员   B. 质量员

C. 安装人员   D. 施工员

【答案】C

【解析】安装人员在施工前应对机具、临电配备情况、工作状况等进行例行检查。

2. ［中级］陶瓷锦砖镶贴工艺流程中贴灰饼前应（   ）。

A. 基层处理　　　　　　　B. 吊垂直、套方、找规矩

C. 弹控制线　　　　　　　D. 揭纸、调缝

【答案】B

【解析】陶瓷锦砖镶贴工艺流程：技术交底—基层处理—吊垂直、套方、找规矩—贴灰饼—弹控制线—贴陶瓷锦砖—揭纸、调缝—擦缝。

3. 〔中级〕陶瓷锦砖应(　　　)进行镶贴。

A. 自上而下　　　　　　　B. 自下而上

C. 两边往中间　　　　　　D. 中间往四周

【答案】A

【解析】陶瓷锦砖镶贴应自上而下进行。

4. 〔中级〕一般对铺贴陶瓷锦砖的后期养护应不少于(　　　)d。

A. 3　　　　　　　　　　　B. 5

C. 7　　　　　　　　　　　D. 10

【答案】C

【解析】一般对铺贴陶瓷锦砖的后期养护应不少于7d。

5. 〔中级〕对于易空鼓的墙面石材铺贴前，应在石材背面批刮一层界面剂，晾干后再刮一层(　　　)进行铺贴。

A. 水泥砂浆　　　　　　　B. 素水泥浆

C. 云石胶　　　　　　　　D. 石材胶粘剂

【答案】D

【解析】晾干后再刮一层石材胶粘剂进行铺贴。

6. 〔中级〕地面、墙（柱）面的石材湿（挂）贴材料准备时，水泥砂浆配合比需经(　　　)确认。

A. 质量员　　　　　　　　B. 施工员

C. 项目经理　　　　　　　D. 监理

【答案】D

【解析】水泥砂浆配合比需经监理确认。

7. 〔中级〕因为玻化砖密度高、吸水率低，用传统的水泥粘

结容易引起玻化砖空鼓脱落，目前解决这一问题的好方法是（　　）。

A. 提前加水湿润

B. 基层应处理干净

C. 增加轻钢龙骨的刚度

D. 采用玻化砖专用胶粘贴

【答案】D

【解析】解决这一问题的方法是使用玻化砖专用胶，改善玻化砖的粘结性能。

8. ［中级］玻化砖铺贴应根据墙面预排（　　），从阳角开始沿水平方向逐一铺贴。

A. 自上而下　　　　　　　B. 自下而上

C. 两边往中间　　　　　　D. 中间往四周

【答案】B

【解析】根据墙面预排自下而上，从阳角开始沿水平方向逐一铺贴。

9. ［中级］玻化砖面积小于 600mm×600mm 留 1mm 缝隙；面积大于 600mm×600mm 的留（　　）缝隙，柔性填缝剂填缝。

A. 1.2mm　　　　　　　　B. 1.5mm

C. 1.8mm　　　　　　　　D. 2.0mm

【答案】B

【解析】玻化砖面积大于 600mm×600mm 的留 1.5mm 缝隙。

10. ［中级］试验蓄水时间不小于（　　）h，试验蓄水深度为 20～30mm，蓄水试验无渗水现象为检验合格。

A. 12　　　　　　　　　　B. 24

C. 36　　　　　　　　　　D. 48

【答案】B

【解析】试验蓄水时间不小于 24h。

11. ［中级］不符合石材干挂安装正确方法的是（　　）。

A. 大于 25mm 厚的石材干挂可以在侧面直接开槽

B. 槽口的后面应留不小于 8mm 宽度，石材的重量靠这 8mm 的宽度同不锈钢挂件紧密结合把重量传递给基层钢架

C. 下一排石材安装好后，上一排石材安装应支放在下排石材上

D. 石材的干挂每一块板的重量要靠各自的挂件承担，不可将力压向下一排，切不可将传统的砌砖工艺用在石材或玻化砖的干挂上

【答案】C

【解析】石材的干挂每一块板的重量要靠各自的挂件承担，不可将力压向下一排。

12. ［中级］房间铺陶瓷锦砖地面，找平层抹好（　　）h 后或抗压强度达到 1.2MPa，可以在找平层上弹十字控制线。

A. 12　　　　　　　　　　B. 24

C. 36　　　　　　　　　　D. 48

【答案】B

【解析】房间铺陶瓷锦砖地面，找平层抹好 24h 后方可弹十字控制线。

（三）多选题

1. ［中级］陶瓷锦砖镶贴对于一般项目的质量标准包括（　　）。

A. 表面应平整、洁净，颜色协调一致

B. 每层摸灰层在凝结前应防止风干、暴晒、水冲、撞击和振动

C. 填嵌密实、平直，宽窄一致，颜色一致，阴阳角处的砖压向正确，非整砖的使用部位适宜

D. 用整砖套割吻合，边缘整齐；墙裙、贴脸等凸出墙面的厚度一致

E. 流水坡向正确；滴水线顺直

【答案】ACDE

【解析】陶瓷锦砖镶贴对于一般项目的质量标准包括：（1）表面应平整、洁净，颜色协调一致。（2）填嵌密实、平直，宽窄一致，颜色一致，阴阳角处的砖压向正确，非整砖的使用部位适宜。（3）用整砖套割吻合，边缘整齐；墙裙、贴脸等凸出墙面的厚度一致。（4）流水坡向正确；滴水线顺直。

2. ［中级］墙面陶瓷锦砖铺贴后出现空鼓脱落现象的预防措施有（   ）。

A. 施工前检查墙体粉刷层是否处理到位

B. 对班组进行相应的技术交底，施工过程中加强质量监控

C. 根据陶瓷锦砖模数弹出若干条水平控制线，以及竖向基准线

D. 使用专用陶瓷锦砖粘结剂，并配合基层使用界面处理剂

E. 陶瓷锦砖缝控制在 1mm 左右，避免密拼

【答案】ADE

【解析】墙面陶瓷锦砖铺贴后出现空鼓脱落现象的预防措施有：施工前检查墙体粉刷层是否处理到位；使用专用陶瓷锦砖粘结剂，并配合基层使用界面处理剂；陶瓷锦砖缝控制在 1mm 左右，避免密拼。

3. ［中级］不同颜色的石材用同一种胶或第三种颜色填缝，成品后接缝明显。应采取（   ）预防措施。

A. 驻厂监控管理人员要对石材的品质进行把关

B. 对施工人员进行相应的技术交底，施工过程中加强质量监控

C. 所有石材加工时要及时控制加工尺寸

D. 打胶前对基层必须清理干净

E. 不同颜色石材应用相对应颜色的胶填缝，避免使用第三种颜色的胶填缝

【答案】BDE

【解析】应采取的措施有：对施工人员进行相应的技术交底，

施工过程中加强质量监控；打胶前对基层必须清理干净；不同颜色石材应用相对应颜色的胶填缝，避免使用第三种颜色的胶填缝。

4. ［中级］地面石材铺贴在基层处理完成后，石材打磨前应（　　　）。

A. 测量与弹线定位　　　　　B. 铺设结合层

C. 铺设石材面层　　　　　　D. 抛光与晶面处理

E. 成品保护

【答案】ABCDE

【解析】地面石材铺贴工艺流程：初始测量—电脑排版与深化—基层处理—测量与弹线定位—铺设结合层—铺设石材面层—成品保护—抛光与晶面处理—石材打磨—养护—擦缝。

5. ［中级］墙面石材镶贴成品保护正确的是（　　　　）。

A. 材料进场前需确定详细的材料运输、搬运、堆放及现场安装的技术方案

B. 石材验收合格，于进场前进行编号，进场使用前进行预排板

C. 及时清擦干净门、窗框等饰面上残留的粘结剂、砂浆等

D. 施工前需做好水、电、通信、通风、设备管道穿墙、支架固定等需要保护部分的防护，防止墙面石材镶贴施工中或成活后再造成损坏

E. 墙面石材镶贴后需进行勾缝和晶面养护

【答案】CDE

【解析】墙面石材镶贴的成品保护有：（1）及时清擦干净门、窗框等饰面上残留的粘结剂、砂浆等。（2）铝合金窗、塑料窗必须粘贴保护膜，且在全部抹灰、镶贴作业完成前保证保护膜完好无损，发现损坏处，立即补贴严实。（3）施工前需做好水、电、通信、通风、设备管道穿墙、支架固定等需要保护部分的防护，防止墙面石材镶贴施工中或成活后再造成损坏。（4）墙面石材镶贴后需进行勾缝和晶面养护。（5）拆除架子时注意不可碰撞

墙面。

6. [中级] 玻化砖湿贴安装空鼓的主要原因包括(　　)。

A. 基层墙面的变形

B. 水化反应时的缺水

C. 基层未清理干净

D. 水泥等粘结材料的质量不合格

E. 施工时环境温度超过 45℃

【答案】ABCD

【解析】玻化砖湿贴安装空鼓的主要原因包括：基层墙面变形；水化反应时的缺水；玻化砖背面脱模剂未清理干净，影响粘结强度；未对玻化砖背面进行界面剂处理或拉毛处理；粘结剂施工中，未在粘结剂开放时间内施工，导致粘结质量不合格；未使用锯齿幔刀批刮施工，导致空气被封闭在砖下形成空鼓；玻化砖之间未作留缝处理；每 10m×10m 范围内未作伸缩缝处理，墙、柱四周未留足够的伸缩缝。

7. [中级] 下列关于地面石材工程施工质量控制点的说法，正确的有(　　)。

A. 石材色差、加工尺寸偏差、板厚差

B. 铺装空鼓、裂缝

C. 铺装平整度、缺掉棱角

D. 石材板块之间缝隙不直

E. 龙骨起拱

【答案】ABCD

【解析】龙骨起拱是轻钢龙骨石膏吊顶工程的质量控制点。

六、墙（柱）面干挂

（一）判断题

1. [高级] 石材开槽安装时，槽内用云石胶对不锈钢码片进行定位，然后用 AB 胶粘结加固。

【答案】正确

2. ［高级］在安装门洞顶板/门窗套线条时应重点注意门框、窗套深化排版图尺寸，横向码片挑出不宜超过 50mm。

【答案】错误

【解析】横向码片挑出不宜超过 30mm。

3. ［高级］圆柱石材干挂安装时应注意将拼缝与设计轴线对齐或对中。

【答案】正确

4. ［中级］水、电、通信、通风、设备管道穿墙、支架固定等工作做在前面，防止面砖成活后再造成损伤不属于室内干挂墙、柱面石材板成品保护的内容。

【答案】错误

【解析】属于室内干挂墙、柱面石材板成品保护的内容。

5. ［中级］室内干挂墙、柱面石材板的质量通病预防中，管理人员应监控检查，认真做好质量检验并落实两图一表实施。

【答案】正确

（二）单选题

1. ［高级］石材安装时，一般（　　　　）逐层施工。

A. 由上向下　　　　　　　　B. 由下向上

C. 四周向中间　　　　　　　D. 中间向四周

【答案】B

【解析】石材安装时，一般由下向上逐层施工。

2. ［高级］石材安装至最高一排时，应严格控制安装的牢固度，顶层的码片要使用（　　　　），用胶可在侧面进行补强。

Ａ. 砝码　　　　　　　　　　B. 挑码

C. 角码　　　　　　　　　　D. 加固码

【答案】B

【解析】石材安装至最高一排时，顶层的码片要使用挑码。

3. ［高级］对石材圆柱柱脚较厚的石材，安装时应用硬物做好支垫，安装完成后，应立即用（　　　　）做好垫层，应防上层石材安装后产生沉降或变形。

A. 水泥砂浆   B. 混凝土

C. 细砂   D. 细石混凝土

【答案】D

【解析】安装完成后，应立即用细石混凝土做好垫层。

（三）多选题

1. ［高级］室内干挂墙、柱面石材板测量放线应按照确认的深化图纸，进行精准放线，按照装饰工业化的理念和要求，完成轴线、（　　）等工作。

A. 墙面完成面控制线

B. 顶面完成面控制线

C. 地面完成面控制线

D. 标高线

E. 中心线

【答案】AB

【解析】完成轴线、墙面完成面控制线、顶面完成面控制线等工作。

2. ［高级］室内干挂墙、柱面石材板施工准备中，深化设计图要具备的基本条件有（　　）。

A. 经过放线和实际测量尺寸、绘制深化图纸通过确认

B. 墙面材质图中，拼花排版（规格、种类等）标注完整

C. 特别要求的施工部位节点详图标注完整

D. 综合点位图（安装点位、伸缩缝等位置），完成深化排版图并通过确认

E. 石材与其他材料收口相关深化详细节点通过确认

【答案】ADE

【解析】室内干挂墙、柱面石材板施工准备中，深化设计图要具备的基本条件有：（1）经过放线和实际测量尺寸、绘制深化图纸通过确认。（2）综合点位图（安装点位、伸缩缝等位置），完成深化排版图并通过确认。（3）石材与其他材料收口相关深化详细节点通过确认。

七、相 关 技 能

(一) 判断题

1. 〔中级〕用于清水墙、柱表面的砖，外观要求应尺寸准确、边角整齐、色泽均匀、无裂纹、掉角、缺棱和翘曲等严重现象。

【答案】正确

2. 〔中级〕为避免砖吸收砂浆中过多的水分而影响粘结力，砖应提前一周浇水湿润，并可除去砖面上的粉末。

【答案】错误

【解析】应提前 1～2d 浇水湿润，并可除去砖面上的粉末。

3. 〔中级〕水泥砂浆和混合砂浆可用于砌筑干燥环境和强度要求不高的砌体。

【答案】错误

【解析】水泥砂浆和混合砂浆可用于砌筑潮湿环境和强度要求较高的砌体。

4. 〔中级〕摆砖的目的是为了核对所放的墨线在门窗洞口、附墙垛等处是否符合砖的模数，以尽可能减少砍砖。

【答案】正确

5. 〔中级〕砌砖的操作方法很多，常用的是"三一"砌砖法和挤浆法。

【答案】正确

(二) 单选题

1. 〔中级〕砂浆强度应以标准养护龄期为（　　）的试块抗压试验结果为准。

A. 12d   B. 24d

C. 28d   D. 30d

【答案】C

【解析】砂浆强度应以标准养护龄期为 28d 的试块抗压试验结果为准。

2. [中级] 为保证砌体垂直平整，砌筑时必须（　　）。

A. 挂线　　　　　　　　　B. 立皮数杆

C. 放线　　　　　　　　　D. 放平

【答案】A

【解析】为保证砌体垂直平整，砌筑时必须挂线。

3. [中级] 砖墙面上下砖层之间竖缝产生错位，丁砖竖缝歪斜，宽窄不匀，丁不压中属于（　　）现象。

A. 错位　　　　　　　　　B. 游丁走缝

C. 搬家　　　　　　　　　D. "螺丝"墙

【答案】B

【解析】砖墙墙面游丁走缝现象：砖墙面上下砖层之间竖缝产生错位，丁砖竖缝歪斜，宽窄不匀，丁不压中。

4. [中级] 自流平地面施工时，常温条件下的自然养护时间不得少于（　　）d。

A. 1　　　　　　　　　　　B. 3

C. 5　　　　　　　　　　　D. 7

【答案】D

【解析】常温条件下的自然养护时间不得少于7d。

5. [中级] 自流平地面封闭施工时没有充分封闭，或者空气相对温度过大，会出现（　　）现象。

A. 平整度差　　　　　　　B. 团块凸起

C. 返潮　　　　　　　　　D. 返霜

【答案】D

【解析】自流平砂浆地坪的施工表面有少量的返霜。

6. [中级] 表面平整，无翻砂、气泡和空鼓，强度和挥发物含量符合设计及规范要求属于塑胶地块镶贴工艺流程中的（　　）步骤。

A. 地坪检测　　　　　　　B. 基层处理

C. 自流平养护　　　　　　D. 自流平验收

【答案】D

【解析】自流平验收。

7. [中级] 下列特性，不属于自流平地面优点的是( )。

A. 硬化慢、收缩率大

B. 耐水、耐碱性好

C. 强度和韧性均好

D. 经与水调和搅拌后形成易流动的无颗粒浆体，固化后形成密实、光滑、平整的面层

【答案】A

【解析】硬化快、收缩率小。

8. [中级] 自流平施工中基层空鼓裂缝小于0.3mm时，用喷砂机处理地面后，仔细检查地面，用真空吸尘器彻底清洁裂缝。不需要额外的工作，自流平所用的( )即可封闭裂缝。

A. 封闭剂   B. 界面剂

C. 裂缝修补剂   D. 粘结剂

【答案】B

【解析】自流平所用的界面剂即可封闭裂缝。

(三) 多选题

1. [中级] 砌筑时产生"螺丝"墙现象的预防措施有( )。

A. 砌墙时用同一规格的砖

B. 砌筑前应先测定所砌部位基面标高误差，通过调整灰缝厚度来调整墙体标高

C. 标高误差宜分配在一步架的各层砖缝中，逐层调整

D. 尚未安装楼板或屋面板的墙和柱，当可能遇到大风时，应采取临时支撑等措施，以保证施工中墙体的稳定性

E. 操作时挂线两端应相互呼应，并经常检查与皮数杆的砌层号是否相符

【答案】BCE

【解析】砌预防措施有：(1) 砌筑前应先测定所砌部位基面标高误差，通过调整灰缝厚度米调整墙体标高。(2) 标高误差宜

分配在一步架的各层砖缝中，逐层调整。（3）操作时挂线两端应相互呼应，并经常检查与皮数杆的砌层号是否相符。

2. ［中级］自流平施工过程中基层出现空鼓且空鼓垫层小于2cm时的处理方法正确的是（　　）。

A. 首先确定空鼓面积大小，并做出明显标记

B. 将已空鼓的区域全部切割出来，清理已空鼓的混凝土

C. 用吸尘器彻底清理混凝土基面

D. 涂刷界面剂

E. 浇筑一层自流平砂浆，厚度控制在1～1.5cm

【答案】ABCD

【解析】自流平基层空鼓处理方法：（1）首先确定空鼓面积大小，并做出明显标记。（2）将已空鼓的区域全部切割出来，清理已空鼓的混凝土。（3）用吸尘器彻底清理混凝土基面。（4）涂刷界面剂。（5）浇筑自流平砂浆。

3. ［中级］自流平施工工艺流程中涂刷界面剂目的是（　　）。

A. 对基层封闭，避免基层过多过快吸水

B. 增强地面基层与自流平砂浆层的粘结强度

C. 防止气泡的产生

D. 防止自流平砂浆过早丧失水分

E. 改善自流平材料的流动性

【答案】ABCDE

【解析】目的有：（1）对基层封闭，避免基层过多过快吸水，防止自流平砂浆过早丧失水分。（2）增强地面基层与自流平砂浆层的粘结强度。（3）防止气泡的产生。（4）改善自流平材料的流动性。

4. ［中级］自流平施工工艺流程中基层清理包括的内容有（　　）。

A. 清理场内堆放材料、设备移出施工区域

B. 清除松散、薄弱材料

C. 人工用扫帚进行场地的初次清洁

D. 用铲刀将地面散落的砂浆、胶等进行清理

E. 对基层采用喷砂机打磨平整

【答案】ABCD

【解析】清理场内堆放材料、设备移出施工区域。清除松散、薄弱材料。人工用扫帚进行场地的初次清洁。用铲刀将地面散落的砂浆、胶等进行清理。破损和不平的基层处理：如基层出现软弱层或坑洼不平，必须先剔除软弱层，杂质清除干净。

（四）案例题

某礼堂在图纸上位于 H～K 轴及 6～9 轴之间。该礼堂进行地面找平层施工前，基层检查发现混凝土表面有 0.2mm 左右的裂缝，经分析研究后认为该裂缝不影响结构的安全和使用功能。地面找平层施工工艺步骤如下：材料准备—基层清理—测量与标高控制—铺找平层—刷素水泥浆结合层—养护—验收。试回答以下问题：

1. 判断题

（1）［中级］该礼堂在找平层施工完成后，应对施工质量进行检查验收。

【答案】正确

（2）［高级］所有建筑物缝隙将按设计形式进行保留，基层混凝土的分仓缝和后切缝将在上部保留约 3mm 宽缝隙，并保持与基层一致。

【答案】正确

2. 单选题

（1）［中级］找平层施工步骤错误的是（   ）。

A. 材料准备—基层清理

B. 基层清理—测量与标高控制

C. 铺找平层—刷素水泥浆结合层

D. 养护—验收

【答案】C

（2）［中级］上述混凝土表面的裂缝应进行（   ）处理。

A. 返修　　　　　　　　　　B. 返工

C. 加固　　　　　　　　　　D. 不作

【答案】A

3. 多选题

［中级］下列关于地面找平层的说法，正确的有(　　　)。

A. 当找平层厚度小于 30mm 时，宜用水泥砂浆做找平层

B. 当找平层厚度不小于 30mm 时，宜用水泥砂浆做找平层

C. 找平层采用碎石或软石的粒径不应大于其厚度的 2/3

D. 找平层采用的砂为中粗砂，其含泥量不应大于 5％

E. 采用水泥砂浆时，水泥砂浆体积比不应小于 M15

【答案】ACE

八、验　　收

(一) 判断题

1. ［中级］质量保证措施实施三阶段质量控制，即事前、事中、事后控制。

【答案】正确

2. ［中级］严格执行"三检"制度，即"自检、互检、巡检"。

【答案】错误

【解析】"三检"制度，即"自检、互检、交接检"。

3. ［中级］凡班组每一工序完成后，由班组自检，对不合格处进行返工，自检合格后，方可进行下工序施工。

【答案】正确

(二) 单选题

［中级］事后质量控制以(　　　)检查为主。

A. 进度　　　　　　　　　　B. 工期

C. 安全　　　　　　　　　　D. 质量

【答案】D

【解析】事后质量控制以质量检查为主。

九、机具设备使用和维护

(一) 判断题

1. [中级] 机具的使用应从安全、操作规程等方面进行控制。

【答案】正确

2. [中级] 电动瓷砖切割机应定期清洁,运输时应减少磕碰,出现切割不精准时应联系专业人员调试。

【答案】正确

(二) 单选题

1. [中级] 电动瓷砖切割机在运转时需注意( ),切割时不要接触切割片。

A. 用电安全　　　　　　B. 操作规程
C. 被工具砸伤　　　　　　D. 被工具割伤

【答案】A

【解析】电动瓷砖切割机在运转时需注意用电安全,切割时不要接触切割片。

2. [中级] 石材切割机( ),是由于电枢绕组短路而发生的故障。

A. 振动大　　　　　　B. 电动机过热
C. 火花过大　　　　　　D. 负荷过大

【答案】C

【解析】石材切割机火花过大,是由于电枢绕组短路而发生的故障。

(三) 多选题

1. [中级] 抹灰机具的维护、保养过程中,操作人员必须做好的主要工作是( )。

A. 正确使用设备,严格遵守操作规程

B. 掌握设备故障的预防、判断和紧急处理措施

C. 保持设备和环境清洁卫生

D. 通过岗位练兵和学习技术，做到四懂、三会

E. 发现设备运转不正常，超期不检修，安全装置不符合规定应立即上报

【答案】ABC

【解析】操作人员，必须做好抹灰机具的各项维护、保养工作。

2. ［中级］瓷砖切割机的切割范围包括(　　　)。

A. 陶瓷、陶土类砖　　　　B. 墙面砖

C. 玻化砖　　　　　　　　D. 地砖

E. 水泥类砖

【答案】ABCD

【解析】瓷砖切割机的切割范围包括陶瓷、陶土类砖、墙面砖、玻化砖、地砖。

十、放线、检测工具

(一) 判断题

1. ［中级］水平尺是用于测量、检验水平面、垂直面及其他面的水平度、垂直度或其他倾角或坡度。

【答案】正确

2. ［中级］方尺也称之为直角尺，仅适用于土建、装饰装修饰面工程的阴阳角方正度检测。

【答案】错误

【解析】方尺也称之为直角尺，不仅适用于土建装饰装修饰面工程的阴阳角方正度检测，还适用于土建工程的模板 90°的阴阳角方正度、箍筋与主筋的方直度等检测。

3. ［中级］用方尺对一个阳角或阴角的检测应取三次测量的平均值，才具有代表性。

【答案】错误

【解析】应取上、中、下三点的平均值，才具有代表性。

4. ［中级］激光投线仪必须放在三脚架上使用。

【答案】错误

【解析】也放在无振动的地面使用。

5. [中级] 激光投线仪始终是直线，无法调节角度。

【答案】错误

【解析】当需要打斜线时，锁住摆体，长按 M 键开机，此时仪器处于手动安平状态，可以手动调整激光线的角度。

（二）单选题

1. [中级] 建筑工程项目进入具体实施阶段的初始环节，也是核心基础环节的工作是（　　）。

A. 放线　　　　　　　　B. 定位
C. 图纸交底　　　　　　D. 资料准备

【答案】A

【解析】放线是整个工程项目进入具体实施阶段的初始环节，也是核心基础环节。

2. [中级] 施工测量放线准备工作范围不包括（　　）。

A. 图纸准备　　　　　　B. 工具准备
C. 人员准备　　　　　　D. 材料准备

【答案】D

【解析】施工测量放线准备工作范围包括图纸准备、工具准备、人员准备。

3. [中级] 当激光投线仪的激光线看不见时，可以按下 P 键，配合（　　）使用。

A. 探照灯　　　　　　　B. 手电筒
C. 卷尺　　　　　　　　D. 探测器

【答案】D

【解析】当激光线看不见时，可以按下 P 键，配合探测器使用。

4. [中级] 水准仪的正确性和精度决定于带有目镜、物镜的望远镜光轴的（　　）。

A. 水平度　　　　　　　B. 清晰度

C. 可见度   D. 能见度

【答案】A

【解析】水准仪的正确性和精度决定于带有目镜、物镜的望远镜光轴的水平度。

5. ［高级］角度测量中的水平角是指地面上一点到两个目标点方向线垂直投影到(　　)上的夹角。

A. 地面   B. 水平面

C. 测量面   D. 海平面

【答案】B

【解析】是指地面上一点到两个目标点方向线垂直投影到水平面上的夹角。

(三) 多选题

［中级］激光投线仪的维修保养正确的是(　　)。

A. 移动仪器前，请先关闭电源

B. 激光水平仪不小心淋湿了，应立即用火或电动干燥机来烘干

C. 不要用强力洗涤剂或化学品来清洁仪器。可以用水或水加少量肥皂来清洁仪器

D. 防止仪器跌落，不可对仪器进行私自维修，避免对仪器持续地振动

E. 应确保取下电池前，仪器处于锁住关机状态

【答案】CDE

【解析】了解和掌握激光水平仪的维护保养事项。

(四) 案例题

A公司的施工项目部承建某别墅区的装饰装修工程，在装饰装修等室内外工程开工前，项目部施工员专门召集全体作业人员进行施工测量技术交底，以防止测量中工作失误而导致发生质量问题，其部分交底内容反映在以下例题中。

1. 判断题

(1) ［中级］房屋建筑安装工程中应用水准仪主要为了测量

标高和找（划出）水平线。

【答案】正确

（2）［中级］角度测量仪是指水平角的测量。

【答案】错误

2. 单选题

（1）［中级］水准仪上的圆水准器，使之气泡居中达到（　　）之目的。

A. 三脚架调平　　　　　　　B. 光轴初平

C. 光轴精平　　　　　　　　D. 望远镜初平

【答案】B

（2）［中级］水准仪测量前要（　　）对管水准器进行检查。

A. 一次性　　　　　　　　　B. 每三次

C. 每一次　　　　　　　　　D. 每五次

【答案】C

3. 多选题

［中级］水准仪的安置地应处于（　　）的位置。

A. 地势平坦

B. 土质坚实

C. 排水畅通

D. 无太阳直射

E. 能通视到所测工程实体

【答案】ABE

参 考 文 献

［1］ 住房和城乡建设部，国家质量监督检验检疫总局．住宅装饰装修工程施工规范 GB 50327—2001［S］．北京：中国建筑工业出版社，2002．

［2］ 住房和城乡建设部．建筑装饰装修工程质量验收标准 GB 50210—2018［S］．北京：中国建筑工业出版社，2018．

［3］ 住房和城乡建设部，国家质量监督检验检疫总局．建筑施工安全技术统一规范 GB 50870—2013［S］．北京：中国计划出版社，2014．

［4］ 土建教材编写组．砖瓦抹灰工工艺学［M］，北京：中国建筑工业出版社，1981．

［5］ 劳动人事部培训就业局．砖瓦抹灰工艺与操作［M］．北京：劳动人事出版社，1988．

［6］ 江苏省建筑工程局教育处．装饰工工艺学［M］．上海：上海科技出版社，1987．

［7］ 彭圣浩．建筑工程质量通病防治手册(第四版)［M］．北京：中国建筑工业出版社，2014．

［8］ 住房和城乡建设部干部学院．镶贴工(第二版)［M］．武汉：华中科技大学出版社，2017．

［9］ 建筑工人职业技能培训教材编委会组织编写．抹灰工(第二版)［M］．北京：中国建筑工业出版社，2015．

［10］ 住房和城乡建设部人事司组织编制．抹灰工(第二版)［M］．北京：中国建筑工业出版社，2011．